小窗幽记

[明] 陈继儒・著

乙力・编译

陕西新華出版 三秦出版社

图书在版编目（CIP）数据

小窗幽记 /（明）陈继儒著 ；乙力编译. -- 2版
西安 ：三秦出版社，2008.04（2024.1重印）
（国学百部文库）
ISBN 978-7-80628-227-4

Ⅰ. ①小… Ⅱ. ①陈… ②乙… Ⅲ. ①人生哲学一中国一明代②小窗幽记一译文 Ⅳ. ①B825

中国版本图书馆CIP数据核字（2008）第036243号

书　　名　小窗幽记
作　　者　[明] 陈继儒 著　乙力 编译
责　　编　贺金娥
封面设计　新华智品

出版发行　三秦出版社
社　　址　西安市雁塔区曲江新区登高路1388号
电　　话　（029）81205236
邮政编码　710061
印　　刷　北京一鑫印务有限责任公司
开　　本　680×1020　1/16
印　　张　9
字　　数　113千字
版　　次　2008年4月第2版
印　　次　2024年1月第2次印刷
标准书号　ISBN 978-7-80628-227-4

定　　价　39.80元
网　　址　http://www.sqcbs.cn

前　　言

《小窗幽记》是一部促人警世、言短旨远的人生哲言集。作者陈继儒(1558—1639)，字仲醇，号眉公，松江华亭（今上海松江）人。陈继儒自幼颖异，博学多通，尤工诗善文，书法苏米，兼能绘事，名重一时。二十几岁时，绝意科举，隐居于小昆山，后筑室东佘山，闭门著述。屡奉诏征用，皆以疾辞。其所作“或刺取琐言僻事，诠次成书，远近竞相购写”。陈继儒一生涉猎甚广，著述宏富，有《陈眉公全集》传世。

《小窗幽记》内容涵盖了立德、修身、读书、为学、立业等诸多人生话题，或陈说利害，指点迷津以言醒世；或肯定情爱，颂扬忠贞，赞美人世间一切真情实感；或强调道德修养的重要，倡导读书，劝勉人们要有高尚的道德、丰富的学识和良好的性情；或提倡淡泊名利，严于操守，多做善事；或描述隐居生活，赞美田园生涯，宣扬朴素为美；或状物写景，以景悟情，回归自然；或强调静心，体味物韵，提升人生的境界；或评述奇人异物，阐言美文奇书，推崇高人奇士；或描绘物、景的和谐绮丽，赞美阳刚和阴柔之美。

《小窗幽记》所选格言妙语、小品片句，或含蓄蕴藉，令人回味悠长；或情趣盎然，读来津津有味。

编　者
2008 年 8 月

目　录

做人必清醒　做事要明白

【原文】

饮食中山之酒，一醉千日；今之昏昏逐逐，无一日不醉。趋名者醉于朝，趋利者醉于野，豪者醉于声色车马。安得一服清凉散，人人解醒。

【译文】

饮了中山人狄希酿造的酒，可以一醉千日，今日世人迷于俗情世务，终日追逐声色名利，可说没有一日不在醉乡。好名的人醉于朝廷官位，好利的人醉于民间财富，豪富的人则醉于声色犬马。如何才能获得一剂清凉之药，使人人服下得到清醒呢？

【赏析】

谈到酒，我不由地为之叹服，它以其独特的魅力征服了一代又一代的人们。纵然有“酒是色媒儿”“酒是穿肠毒药”等毁誉，但也有“酒逢知己千杯少”的助兴作用，李白“斗酒诗百篇”的催化作用，以及“一醉解千愁”的解忧功能。即便是嗜酒之人开怀畅饮，酩酊大醉，也还有醒来的时候。但世间却有一种比酒更能让人沉醉的东西，它不仅能醉人心魂，而且会使人愈饮愈渴，愈渴愈饮，以致沉湎于其中，终生不醒，这就是人人向往却又望而生畏的“名利声色”。

醉酒之人，通常稍过片刻便可清醒，即使是醉酒过度，只要给他灌下“醒酒汤”就能使他清醒。然而在声色名利中沉醉的人，又怎么能唤醒他呢？唯有淡泊名利，才能感受和领略生命的真实存在，才能感悟到生活的真谛和人生的幸福。因为获得人生幸福的根本条件就是保持自己身心的清醒。

守节声色场　安志纷闹中

【原文】

淡泊之守，须从浓艳场中试来；镇定之操，还向纷纭境上勘过。

【译文】

淡泊清静的操守，必须在声色富贵的场所中才试得出真相来；镇静安定的志节，必须在纷纷扰扰的闹境里才验得出真功夫。

【赏析】

世事纷纭，变幻无常。尤其是当今这个灯红酒绿、莺歌燕舞的花花世界，诱惑人意念和心志的东西实在太多，身处尘世中的人们，能不为之动摇的又有几个？

“曾经沧海难为水，除却巫山不是云。”只有经历了繁华纷纭的考验，才能做到“富贵不能淫，威武不能屈”，才能经受得住“糖衣炮弹”的攻击和声色犬马的诱惑，才能真正得到心灵的淡泊与宁静。在纷乱的环境中保持内心的安定，在乱事中不慌不忙、泰然处之，这就是所谓的镇定自若。能镇定的人，才能掌握自己的方向，才能成就大事业。

真出于诚　诚由于真

【原文】

市恩不如报德之为厚，要誉不如逃名之为适，矫情不如直节之为真。

【译文】

给予他人恩惠，不如报答他人恩德来得厚道。邀取好的名声，不如逃避名声来得自适。故意违背常情以自命清高，不如坦直地做人来得真实。

【赏析】

“市恩”就是给人恩惠、好处以讨好别人。市恩都是有目的的，或者是有利益在驱使的，或者是安抚对方，希望对方能有所回报的，说白了就像做买卖，有付出就必定要有回报。一旦恩情打上了买卖的烙印，就成了赤裸裸的交易，所以说，与其市恩邀取名誉，不如真诚地报答别人来得厚道。

俗话说“人活脸，树活皮”“人过留名，雁过留声”。人生在世，谁不想拥有鲜花和掌声，都想获得好的名声，这本无可厚非，但如果过分贪图名声，就会为声名所累，使名声无形中成了一种束缚。与其循规蹈矩、战战兢兢，倒不如逃避名声来得惬意。

凡是不出于诚意的表现，就是“矫揉造作”，简单地说，就是不“直节”。具体来说，无论是“市恩”，还是“要誉”，都是“矫情”，只会使人为声名所累，甚至会鸡飞蛋打、身败名裂。因此，只要踏实做人，诚实待人，就会无愧于天地而立足于世。

背后无人诋　久交不生厌

【原文】

使人有面前之誉，不若使人无背后之毁；使人有乍交之欢，不若使人无久处之厌。

【译文】

让人当面赞誉自己，不如让人不在背后毁谤自己；令人产生初交之喜，不如令人久交不厌。

【赏析】

“揭人不揭短，打人不打脸”“人前勿论他人是非，闲来静思己过”。这些都是说不要当面说人坏话，讲人不是。但也有“好事不出门，坏事传千里”“谁人背后不说人，谁人背后无人说”！这也告诉我们：要让他人当面赞美并不困难，但要他人在背后不批评自己却不是一件容易的事。因此，别人当面的赞誉并不代表自己人生的成功，背后没有诋毁且有赞誉才算得上是真正的成功。

“一见钟情”“相见恨晚”等感慨大多是理想化的产物，或者说只是一种带有某种企图的幻想，因为人们初次相识，往往会把自己最美好的品格、才华、魅力最大限度地展示给对方，以便吸引对方、取悦对方。然而“路遥知马力，日久见人心”，通过长时期的交往，彼此的缺点便会一点一点地暴露出来，最初的新鲜感和完美感也会日渐消退，甚至消失。因此第一印象与平时的表现相比总是显得完美多了。所以说，与其让别人跟我们一接触就感到非常欢喜，还不如使对方与我们长期相处而没有厌烦的感受。这就要求我们做人处世要以平常心对待，不要被初次见面时的喜悦所迷惑，也不要带着假面具与人交往，要做到表里如一、善始善终。

天意实难违　正心修我身

【原文】

天薄我福，吾厚吾德以迎之；天劳我形，吾逸吾心以补之；天厄我遇，吾亨吾道以通之。

【译文】

命运使我的福分淡薄，我便增进我的德行面对它；命运使我的形体劳苦，我便安慰我的心绪弥补它；命运使我的际遇困窘，我便扩充我的道义通达它。

【赏析】

“生死由命，富贵在天。”福分淡薄，身体疲劳，际遇困窘，这都是天意。天意不可违，但人们可以通过自我修身来坦然地面对一切。如果说我们的内心没有深厚的道德修养，就往往要怨天尤人，自寻烦恼。相反，超然的心灵和深厚的精神修养能使人安然无争、恬静自适，将一切的欲望和身外之物都看得很淡，正好能培养我们的德行、完善我们的人格。

观人观事见本质　不可小测君子心

【原文】

澹泊之士，必为浓艳者所疑；检饰之人，必为放肆者所忌；事穷势蹙之人，当原其初心；功成行满之士，要观其末路。

【译文】

清心寡欲的人，必定为奢侈豪华的人所疑忌；检点谨慎的人，必定为言行放肆的人所忿恨。一个人到了穷途末路，应看他当初的本心如何；一个功成名就的人，要看他以后怎样继续下去。

【赏析】

世间万事万物都具有两面性，这两个方面看似矛盾，其实是统一的，即我们常说的：是一个辩证统一的结合体。人们的人格范畴也是如此，因为各自的出发点不同，所追求的境界不同，所以各自看待事物的态度也就不同了，从而也就能理解各自的反面了。比如，过惯奢侈豪华生活的人，肯定不会相信他人能过淡泊的生活。这是因为他只是从自己的立场上出发去理解生活，在他看来甘于淡泊生活的人只是在沽名钓誉，而并非出于自己的本心。同样，行为放肆的人，经常会忌恨那些言行谨慎的人。此外，世界上的任何事物都是阴阳平衡的，发展到了极点就会走向它的反面，即所谓的物极必反。人的际遇也是如此，坎坷、挫折都是暂时的，如果能坦然面对，不仅能够走出逆境，而且成功途中的坎坎坷坷也都会成为我们前进的动力。

相反可相成　相得必益彰

【原文】

好丑心太明，则物不契；贤愚心太明，则人不亲。须是内精明而外浑厚，使好丑两得其平，贤愚共受其益，才是生成的德量。

【译文】

分别美丑之心太明确，则无法与事物相契合；分别贤愚之心太明确，则无法与人们相亲近。内心要明白人事的善美与缺失，处世却要纯朴与仁厚。从而使美丑都能得到平等，贤愚都能受到益处。这才是上天的本意和气量。

【赏析】

美和丑是一对相反相成的矛盾体，又是一对辩证统一的结合体。没有了丑，又怎么能显现出美呢？如同红花还需绿叶配一样，如果都想当红花，那又有谁来做绿叶呢？又如同自然界有白昼和黑夜一样，如果单单只有白昼或者完全都是黑夜，我们可以想象，那该是多么地单调和乏味？因此如果我们过分地挑剔事物的美与丑，好与坏，那么世界上也就没有几件事物能让我们接受的了。“水至清则无鱼，人至察则无徒”说的就是这个道理。

同样，贤与愚也是如此，有愚方显贤，有圣贤自然会有愚蠢。如果人们都看不起愚蠢的人，只愿意与所谓的圣贤交往，那么普天之下又有几个人能够成为他眼中的圣贤智者呢？因此，在日常生活中，我们要平等待人，不要有贤愚的分别，如果过分地尚贤弃愚，岂能知“智者千虑，必有一失；愚者千虑，必有一得”的道理。

用情深处孤独　任性切勿放肆

【原文】

情最难久，故多情人必至寡情；性自有常，故任性人终不失性。

【译文】

情爱最难保持长久，所以情感丰富的人终会变得少情寡义；天性本有其常，所以率性而为的人终不失其天性。

【赏析】

“问世间情为何物，只教人生死相许。”古往今来，怎一个“情”字了得？如江淹之“黯然销魂者，唯别而已矣”，又如李清照之“寻寻觅觅，冷冷清清，凄凄惨惨戚戚”。情是一种执着不懈的追求，一种难以捉摸的思念，因此掌握甚难。再加上生命短暂，环境多变，感情也易多变。正可谓“人到情多情转薄”“多情反被无情恼”。这就要求我们在生活中要抱有一颗平常心，保持天真淳朴的本性，才不至于受到声名利禄的牵累，于美酒声色之中才不会因恋物而迷失了自我。

真廉无名　大巧无术

【原文】

真廉无廉名，立名者所以为贪；大巧无术，用术者所以为拙。

【译文】

真正的廉洁，则扬弃廉洁的名声；凡是以廉洁自我标榜的人，无非是为了贪。最大的巧妙，是不用任何技巧；凡是运用技巧的人，都不免笨拙。

【赏析】

廉洁和贪污，巧妙与笨拙，都是相对立而存在的。不过必然是先有了贪污的事实，才有了廉洁的概念，廉洁是针对贪污而立名的。贪污的名字不好，所以人们都躲避它；廉洁的名字好听，所以大家都追求它。有的人虽然在表面上看来不贪图利益，但是却贪名，然而一旦贪上了名，那离“贪利”也就不远了，因为名利二字是紧紧相连的。

同样，巧妙也是因为有了笨拙的概念后才出现的，没有巧也就没有拙，没有拙也就没有了巧。然而真正的巧妙不是“投机取巧”，而是顺应自然，依圆就方，看似笨拙，实为巧妙。《道德经》中说：“大巧若拙”，指的就是这个道理。然而有人却喜欢运用技巧，动用谋略，往往弄巧成拙，贻笑大方。

说话心口一致　做事名副其实

【原文】

谭山林之乐者，未必真得山林之趣；厌名利之谈者，未必尽忘名利之情。

【译文】

好谈山居生活之乐的人，未必真能由山林中得到乐趣；口头做厌恶名利之论的人，未必真的将名利完全忘却。

【赏析】

人们在许多事情的处理上，表面现象和实际问题却往往相差甚远，嘴里说的和行动上做的也根本不一样，甚至大相径庭、完全迥异。比如那些好谈山居生活之乐的人，未必真正懂得山林之乐趣；口头上厌恶名利的人，未必能够真正淡泊名利，忘却世俗。因为他们只是在不适应城市生活或现实生活的时候，才会想起山林之乐趣，并不是真正地爱好山林。真正爱好山林之趣的人，早已身临其境而不思其返了。如果置身其中，乐而忘返，哪还顾得上言语？“此中有真意，欲辩已忘言。”这便是陶渊明为我们做的最好诠释。此外，人生在世，追逐名利也无可厚非，然而个别人却为了名利而忘却了生命的本质，甚至有的人嘴上说不为名利，行为上却沉溺于名利的猎取，可谓是个口是心非的伪君子。

适时可发　拔苗不长

【原文】

伏久者，飞必高；开先者，谢独早。

【译文】

伏藏甚久的事物，一旦显现出来，必定飞黄腾达；过早开放的花朵，往往会很快凋落。

【赏析】

有些事物存在厚积薄发、大器晚成的现象。潜伏长久的事物，一旦腾飞，必定飞得高远。“不飞则已，一飞冲天；不鸣则已，一鸣惊人”，说的就是这个道理。

此外，从花开花落的现象中，我们也可以得知，花开早的便一定早落，花开晚的也一定晚落。而且过早开放的花朵，一旦凋谢，往往谢得最快，这是因为过早开放，各个方面都尚未完备，无法配合，自然很快便因耗尽能量而凋谢枯萎。

对于人来说，也是如此，如果过早开发成熟，而生理和心理等各方面的条件还未完全具备，自身积蓄的能量也有限，一旦全力开发，自然会很快枯竭、凋谢。这就是所谓的“小时了了，大未必佳”，方仲永就是典型的例子。

若要得享福　必先会救祸

【原文】

天欲祸人，必先以微福骄之，要看他会受；天欲福人，必先以微祸儆之，要看他会救。

【译文】

天要降祸给一个人，必先降下一些福分使起骄慢之心；看他是否懂得承受的道理。天要降福给一个人，必先降下一些祸事使起警戒之意，看他有无自救的本领。

【赏析】

“物极必反”，这一辩证法的观点我国古代很早就有，老子在《道德经》中就说：“祸兮福所倚，福兮祸所伏。”祸福，二者相辅相成，辩证统一。当然，任何事物都不是绝对的，关键看你的态度如何。若是得到了微薄的福禄能不骄傲，反而加倍地努力积德行善，即使是灾祸到来，内心也不会惊恐害怕，处理事情时也能够沉着机智，即使不能化险为夷，至少也可以把灾祸降到最低。因此，人们只有受福而不骄，受祸而不怨，才能算是明了福祸之道，才能真正获得人生的幸福。受福还是受祸，一切皆是天意，天意难违，但是只要我们能保持平和的心态，泰然自若地笑对生活，就会气定神闲，安度一生。

世人指摘处　多从爱护处见

【原文】

世人破绽处，多从周旋处见；指摘处，多从爱护处见；艰难处，多从贪恋处见。

【译文】

世人出现失误，多是在交际应酬的时候；世人受到指责，多是出于关心爱护的缘故；世人左右犯难，多是出于贪爱留恋的原因。

【赏析】

交际应酬容易出现言语不适，行为不当，从而失礼于人。人生出现失误，多来源于此。若无交际，人的破绽又怎能显现？若一人独处，即使胡言乱语，举止颠狂亦无不可。交际场合，是展现人风度的场合，也是人出丑的场合。众目睽睽之下，稍有不慎就会被人耻笑。

一个人受指责和批评，多是亲友从关心和爱护自己的角度出发的，如果一味保持箴默，那多半是不干己事的外人。只有自己身边的人或朋友，才会给自己提出意见。与自己无关的人，他们根本没有必要去得罪自己。所谓“忠言逆耳”，所以越是批评和指责的话越是忠诚之言。

一个人会出现左右为难的处境，是因为还有贪恋之心。若无贪恋之心，不以物喜、不以己悲，根本就不会出现左右为难的境地。左右为难是指得又得不到，放弃又不甘心的情况。不敢放弃，不愿放弃，就是因为贪心在作祟。放弃贪念，则左右为难的感觉立刻就会消失。

世间万物皆有度　无度胜事亦苦海

【原文】

山栖是胜事，稍一萦恋则亦市朝；书画赏鉴是雅事，稍一贪痴则亦商贾；诗酒是乐事，稍一曲人则亦地狱；好客是豁达事，稍一为俗子所挠则亦苦海。

【译文】

山居本是愉快的事，如果贪恋起来，又与世俗有何不同？爱好书画是高雅的事，但是过于痴迷无厌，与商人亦无二致。饮酒赋诗是欢乐的事，但如屈从他人敷衍应酬，则就如同地狱。交友好客是舒畅的事，一旦为俗人喧闹干扰，便成为苦海。

【赏析】

世间万物皆有度，过犹不及。处理事情、待人接物要做到一个度，关心别人、帮助别人、指责别人都要恰到好处，恰到好处是最难做到的。列宁说过一句话：真理往前一小步就是谬误，所以，饮酒不醉方为妙，食色不乱是英豪。世间不管闲俗雅事，沾染无所谓，但一旦沉迷，就会毁掉自己。有朋自远方来，不亦悦乎？但若尽是狐朋狗友、酒肉之徒，则会不胜其烦。书画鉴赏亦为雅事，若一心贪痴，就会沦为一个古董商人。要不偏不倚，不愠不火，维持中庸之道，不能曲意附庸。好诗太过则嫌太酸，好酒太过则沦为酒鬼。一切事应本着无过无不及的原则，在这基础上能符合本心则为最好。

轻财以聚人　律己以服人

【原文】

轻财足以聚人，律己足以服人，量宽足以得人，身先足以率人。

【译文】

不重钱财，则可以集聚众人；约束自己，则可以使人信服；放宽气量，则会得到别人的帮助；凡事带头，则可以领导他人。

【赏析】

钱不是万能的，但离了钱却万万不能；有钱走遍天下，无钱寸步难行；一分钱难倒英雄汉；钱对人的重要性不言而喻。所以才有“人为财死，鸟为食亡”

之说。为了利益，兄弟之间可以反目成仇；为了钱财，朋友之间也相互算计。钱虽重要却买不来亲情和友情。只有散尽钱财，才能得到人才。牛根生说："财散人聚，财聚人散。"宋江能够成为梁山泊领袖，就是因为他仗义疏财，才为弟兄们所推崇。

严于律己，放宽气量，才可以使人信服。对自己严格要求，不苛责别人，别人才会跟随自己。"水至清则无鱼，人至察则无徒"，只有如大海一样，不择细流，才会百川归纳，对别人宽容，别人才愿意和自己在一起。

一个领袖除了要散财聚人，以德凝人之外，还必须身先士卒，处处为下属做榜样，这样才能够领导他人。因为面对事情的时候，多数人会畏惧不前，如果领导也这样的话，那就失去领袖的意义了。只有自己以身作则，部下才会信服和跟随。这就是老子所讲的"后其身而身先，外其身而身存"的道理。

知迷则醒　知难不难

【原文】

从极迷处识迷，则到处醒；将难放怀一放，则万境宽。

【译文】

在最易令人迷惑的地方识破迷惑，那么无处不是清醒的状态；将最难放下的心头之事放下，那么到处都是宽广的境遇。

【赏析】

生活中有太多的十字路口，人们往往因无法辨识而感到迷惑、不知所从。智慧之人往往在没有迷失自己前就先破了机关，所以会选择一条正确的路；愚蠢之人却往往看不出歧路和大道的区别，历尽千辛万苦刚刚走出了一个迷惑，却因为缺乏辨认大道与邪路的经验，又陷进了另一个迷惑之中。

人生在世，最难放弃的无非是名与利、情与爱等念头。难以割舍名利之人，若没有名利的滋润，便会觉得生命索然无味。一旦得到名利，却又担忧失去名利。名利难忘怀，情义也难割舍。恩爱之人，结婚前爱得死去活来，好不容易成了眷属，结婚却又争吵不断，原因就是结婚前，大家拿出的都是假面孔，结婚后，各自缺点暴露出来了。既不能融合，就只能痛苦离异。其实，大家都把难以忘怀的东西放一放，心灵也就宽广自在很多了。

患难见真情　烈火试真金

【原文】

大事难事看担当，逆境顺境看襟度；临喜临怒看涵养，群行群止看识见。

【译文】

遇到大事和难事的时候，可以看出一个人担负责任的勇气；处于逆境或顺境之中，可以看出一个人的胸襟和气度。逢到喜怒哀乐之事时，可以看出一个人的涵养；在与群众同行同止的时候，可以看出一个人对事物的认识和见解。

【赏析】

事情有大小、难易的分别，人自然也有巧拙、贤愚的分别。当有大事出现时，一般人往往采取逃避或自我保护的办法，但若人人都如此，就无人来承担重任了。所以，越是逢着艰难危险的大事，越能看出一个人是否有担当，担当之人，身处逆境时不怨天尤人，身处顺境不骄傲自满。因为他有一种大无畏的胸襟和气度，所以他万事不萦于怀，不管是逆境还是顺境，都会心性如一、不懈地努力。

喜怒哀乐可以看出一个人的涵养。喜时要不得意忘形，以免做了过头之事；怒时要能多考虑后果，怒得有威有严，不至于招来是非恶果。有涵养之人对于事理十分通达，因而不容易为喜怒所牵动。这才是优秀的人才，这样的人在与别人一起做事的时候，就不会随波逐流，而是有自己的主见，只有分析了事物的正确与错误后才会决定下一步怎么做。

良心静里见　真情苦中来

【原文】

良心在夜气清明之候，真情在箪食豆羹之间。故以我索人，不如使人自反；以我攻人，不如使人自露。

【译文】

在夜间心境平和的时候，容易看出一个人的真心；而真实的情感最能在简朴生活中流露出来。与其不断要求人家改正，不如使其自我反省；与其攻击他人的缺点，不如使其坦白错误。

【赏析】

人生在世，最该珍惜的是良心和真情。由于世风日下、虚伪日多，良心和真情也就被掩盖起来。但是再恶劣的人也会有良心和真情萌发的时候，杀人犯对待自己的情人也一定有真情，丧尽天良的人见到自己的亲人也一定有良心，关键是他们的良心被种种欲望掩盖了。

真正的感情不在山珍海味、满汉全席里，而在箪食豆羹之间。因为锦衣玉食的味道浓厚，人们心理容易产生贪恋的情怀从而忘却真情。良心和真情谁都有，就看怎样发现，怎么利用。所以当人们犯了错误时，最好是通过良心和真情去启发教育，让对方自己觉悟。

宁为随世之庸　勿为欺世之杰

【原文】

宁为随世之庸愚，勿为欺世之豪杰。

【译文】

宁可做一个顺应世事而平庸愚笨的人，也不要做一个欺世盗名而出人头地的人。

【赏析】

世人总括而言不过两类：一类是平时所说的良民，这样的人不会干什么大好事，也不会干什么大恶事；另一类属于英雄豪杰，他们在智慧上高人一等，所以有能力去行功德或做恶事，人类的许多事情都是由聪明人折腾出来的。《老子》说："绝圣弃智，民利百倍；绝仁弃义，民复孝慈；绝巧弃利，盗贼无有。"如果天下没有聪明巧利之人而都是凡人，生活就会安定许多，就会出现陶渊明写的世外桃源的景况。但那些圣贤一出，就会利用百姓的平庸，去争夺自己的利益。常见世人死于那些欺世盗名的豪杰之手，却从没见过世人死于那些平庸人的手上。历史证明，只有那些甘守平庸，在平凡的岗位上默默奉献的人们，才是真正的英雄。

习忙可销福　得谤可销名

【原文】

清福上帝所吝，而习忙可以销福；清名上帝所忌，而得谤可以销名。

【译文】

清闲安逸的享受是上天所吝惜的，如果使自己习惯于忙碌，则可以减少这种不善的福分；美好的名声是上天所禁忌的，如果受到他人的毁谤，则可以减轻由名声所带来的负担。

【赏析】

人在清闲安逸中容易变得懒散，逐渐失去生命的活力，甚至产生悲观的情绪。常见一些辛勤劳苦之人，一旦休闲下来，却不知道怎样安排生活，结果过不了几天，就会觉得百无聊赖。不知道是上天吝啬自己的清福，还是人不能忍受无聊。总之，太过安逸，人的精神和身体都会出问题。

俗话说：人怕出名猪怕壮，所以一个人名声太响未必是件好事。好的名声是不容易维持的，而且要维持下去也是很累人的。太阳给世间带来温暖，空气给世间带来生命，并没有争取什么名声和报答，如果人名不副实，很快就会陷入悲惨的境遇。即使名声符合实际，要维持盛名也会很辛劳。所以，在盛名之时，遭到毁谤也未尝不是一件好事，可以提醒人们怜惜自己的名声。与其让老天来惩罚、他人来毁谤，倒不如自己谦虚一点，不要把名声看得过重。

人多有嗜节　当以德消之

【原文】

人之嗜节，嗜文章，嗜游侠，如好酒然，易动客气，当以德消之。

【译文】

人们爱好声名气节，爱好文章辞藻，爱好行侠仗义，就像爱好喝酒一样，容易一时兴起为所欲为，应该以道德涵养来改变它。

【赏析】

嗜好名声和节操的人，可以为名节去矫饰，甚至和人去拼命，目的是名节的完美；嗜好文章和诗词的人，会为一个字而绞尽脑汁，目的是博一个好名声。究其根源，这些行为不过是好面子罢了，于自己和他人都毫无裨益。这种种情形，无非都是缺乏道德修养造成的。嗜好名声和节操，嗜好游方与侠义，原也不是什么坏事，但多数人对此却没有一个清醒的认识，行动起来就似是而非，徒有虚名。而唯一能够使得嗜名节、文章以及游侠的人内外浑然、表里如一的办法就是用道德来涵养他们，先去除外表的浮躁气，再达到本色当行的境界。

万善一念始　万恶一念结

【原文】

一念之善，吉神随之；一念之恶，厉鬼随之。知此可以役使鬼神。

【译文】

一个善的念头，可以获得降福的吉神呵护；而一个恶的念头，就会招来为祸做灾的恶鬼。明白这一点便可以差使鬼神了。

【赏析】

《西游记》中，观音菩萨曾变成妖怪凌虚子，悟空问她说：“妖怪是菩萨还是菩萨是妖怪？”观音菩萨则回答道：“菩萨妖精，皆是一念；若论本来，皆属无有。”孙悟空是心猿，他一个筋斗就是一个念头，一个念头就是十万八千里，这说明心中一念善，便是西方极乐世界里的佛、菩萨，心中一恶念，便是地狱里的妖怪和厉鬼。

心怀善念，便会得到吉神的呵护，这是因为自己本心祥和；心怀恶念，就会与恶鬼同途，这是因为心中充满痛苦和烦恼。任何善恶的念头，还没有付诸实施的时候，就已经在自己心中承受了。心中充满恨意，心灵已在地狱中；心中充满善意，由于善意所带来的欢喜，就如同身在天堂一样。

梦里不能主张　泉下安得分明

【原文】

眉睫才交，梦里便不能张主；眼光落地，泉下又安得分明。

【译文】

双眼闭上，梦里便不能自作主张；眼光落到地下，想到梦中都不能自主，死后又能知道些什么呢？

【赏析】

人有显意识和潜意识，显意识控制着人们的思想，潜意识的活动方式就是做梦。在白日里人们凡事都有很多主张，会追逐名利与美色。但一到黑夜，一闭上眼睛，便进入光怪陆离、莫名其妙的梦境，梦里有好亦有坏，但睁开眼便是一场空。所以，人们应该从梦中得到启发，真正认识到在茫茫无限的宇宙当中，自己其实算不了什么？短短几十年的人生相对于历史长河来说，不过是一场空虚的梦幻罢了。至于死后之事，又有谁能知道？即便有鬼神一说，你也早已命中注定，由不得自己。只要认识到了这一点，在面对死亡的时候，许多事情也都可以畅然释怀了。

不知了了是了了　若知了了便不了

【原文】

佛只是个了仙，也是个了圣。人了了不知了，不知了了是了了；若知了了，便不了。

【译文】

佛只是个善于了却烦恼的神仙，也是个善于了却执着的圣人。人们虽然耳聪目明，却不知了却一切烦恼，不知凡事放下便已无事；若心中还有未来的念头，便是未曾完全放下。

【赏析】

佛是梵文的音译，汉意为觉悟，觉悟了的人就是佛。了就是觉悟的意思，什么都明了，认识了宇宙的规律和真理，当然就不会执着了。仙是道教修行所追求的最高人格，目的是认识真理，活得自在。仙和佛都是觉悟了的人。一般人自以为很聪明，却不知道整日里都生活在烦恼、欲望里而不能自拔。很多事情，没有到来时充满渴望，到来之后又不分昼夜贪婪地追求，一定要生起无穷的牵挂，全不知放下一切才是快乐。有的人因为烦恼缠身不得不放下，于是苦苦寻求放下之道。自以为做到了放下，其实是真正的放不下。真正的放下，在于心的无求，既不求得，也不求放。

敞开心扉　欢乐无忧

【原文】

剖去胸中荆棘以便人我往来，是天下第一快活世界。

【译文】

将心中自伤伤人的棘刺去除，以开放平易的心胸与人交往，便是天下最令人舒畅欢喜的事了。

【赏析】

一个人心中一旦抱有不平衡的情绪，在与人交往的时候就容易伤人，因为他不相信任何人。即使是闭起门来独处，也会伤害自己，因为他自己的心里一直埋藏着荆棘和不平。这些荆棘就是播种在人心里的猜忌、嫉妒、隔阂和自私。这些东西使我们拒绝将心扉打开，不愿意与人进行深层的交流。心里总是提防别人，实际上也是一种莫大的痛苦。心里有了界限和障碍就会感觉累，若把界线和荆棘除去，就会活得轻松自在。如果能敞开心扉地与人交往，就会获得人生最宝贵的真情和友谊。所以，敞开心扉岂不就是天下第一快活的事？

居堪傍恶邻　会可容损友

【原文】

居不必无恶邻，会不必无损友，惟在自持者两得之。

【译文】

选择住家不一定要避开恶邻居，聚会也不一定除去坏朋友。只要自己能够把持，那么即使是恶邻和损友，对自己也是有益的。

【赏析】

现在的社会，选择邻居是迫不得已的行为。果真遇到一个恶邻，也的确是让人头疼的事，因为相处在一个邻近的空间里，必会有因趣味、习惯的不同而相互冲突的时候。人的地位和素质决定了一个人的修养，所以，个人的修养和志趣是不相同的。众人聚会的时候，难免会有一些逢迎拍马、言谈粗鄙、惹人讨厌的人。他们或者是层次低，或者是没有涵养，这样的人在各个场合里都是不难见到的，每个人都会既有良友，又有损友，既有善邻，又有恶邻，这都是在所难免的。但我们遇事一定要大度，保持住自己的修养。时间久了，这些恶邻与损友自然能受到感染！这样，自己不仅没有受他们影响，反而影响到了他们。所以说，无论恶邻还是损友，都可以成为我们的试金石，而且最后会变成我们的同道。

君子小人　五更检点

【原文】

要知自家是君子小人，只须五更头检点，思想的是什么便得。

【译文】

要知道自己是有道德的君子，还是缺德的小人，只要在天将明时自我反省一下，看看自己所思所想到底是什么，就十分明白了。

【赏析】

君子和小人的分水岭是在于：君子以大众利益为出发点，而小人则以自我的利益为着眼点。君子认为德比利更重要，而小人则反之，正所谓："君子喻于义，小人喻于利。"圣人孟子告诫人们：当义和利不能兼得时，当取义舍利。五更天是夜将尽而天将明的时候，也就是新的一天将要开始的时候。就在这非常谧静而又温馨的时刻，也正是君子和小人的善良与丑恶萌芽的时候。也就在这一天将要开始的时候，只要能够反观内照，看看自己心中所盘算的究竟是什么，自己到底是君子还是小人就十分清楚了。

以理听言　以道窒欲

【原文】

以理听言，则中有主；以道窒欲，则心自清。

【译文】

以理智来判断所听到的言语，则心中自有主张；以品德修养来摒绝私欲，则心境自然清明。

【赏析】

我们听人话语，既要有感情，同时更需要理智的判断，否则动辄便以感情来接受别人的言语，肯定会犯下错误。因为感情的发生往往是主观的，或是一厢情愿的，而许多语言的发生只是基于一时的情绪发泄，这样言语就不足为信。无论什么言语，我们听了之后，总会表现出喜怒哀乐的情绪来，因为说话的目的就是要刺激听觉，但事后发觉所言与实际出入很大。这是因为我们心灵不静，判断言语缺乏理智。心灵不静来源于对外物的贪婪和不断追求，求之不得便会感到痛苦和烦恼，烦恼越多，生命中便没有一刻的安宁。欲望是天生的，要靠后天的修养去消除，所以人要学习道。道是天下，是人生的规律，也是实现人生意义和价值的正道。不去妄想那些不现实的东西，也就不会逼迫自己去实现那些不切实际的私欲了，知足常乐，自然感觉心情舒畅、神清气爽。

先达后近　交友道也

【原文】

先淡后浓，先疏后亲，先远后近，交友道也。

【译文】

交朋友的滋味要由淡薄而浓郁，由疏远而亲近，由接触而相知，这是交朋友的方法。

【赏析】

人际关系中，最重要的就是朋友。朋友的层次不同，交往的方式自然也不同。因为朋友关系至关重要，所以交往的时候应该特别慎重，并且要注意方式。古人说得好，先进行了解和选择，然后才相交，就一定会减少许多后悔；先交上了朋友，然后再进行选择，就必然会增加许多埋怨。交朋友并不是一件容易的事，而且要获得真正的知己更是困难。经过了仔细的观察和选择，然后再由表面达到内在，由淡薄达到浓厚，由疏远达到亲密，由远隔达到接近。在对对方的人格和本质有了相当的认识后，才能谈得上朋友二字，也只有在这个时候，我们才能决定对方是否值得自己更进一步的交往，才可以考虑将性命托付的事情。这些都是交朋友最起码应该明白的道理。

形骸非亲　大地亦幻

【原文】

形骸非亲，何况形骸外之长物；大地亦幻，何况大地内之微尘。

【译文】

身体躯壳不值得亲近，何况身体之外带不走的东西呢？山河大地不过是个幻影，何况大地上如同尘埃的我们呢？

【赏析】

人生于世间，不过一具臭皮囊，肉体形骸不是自己能够主宰的。事实上，在没有出生之前，我们的身体是不存在的；死了以后，那个尸体也不再是我们自己的了，而且最终还要腐烂枯朽。《老子》上说：之所以有祸患，是因为我有肉体，等到我没有这个肉体的时候，还有什么祸患呢？不只是人，包括整个宇宙，都是一场虚无。佛教认为：四大皆空，一切皆来源于自己的思想，凡所有相尽皆虚妄。既然我们的一切存在，一切利益都是幻象，与我们本身没有任何益处，又何必不断地互相残害，以致两败俱伤呢？

寂而常惺　惺而常寂

【原文】

寂而常惺，寂寂之境不扰；惺而常寂，惺惺之念不驰。

【译文】

在寂静的状态中，要常保持觉醒，但以不扰乱寂静的心境为先。在觉醒的状态中，要保持寂静，以使心念不致奔驰而收束不住。

【赏析】

所谓“寂”，就是说让自己心中的种种烦恼得到止息，从而达到一种无思无虑的状态。人的虚妄之念就像那污浊的沟水，若要止息它，就必须将那沟水堵住，然后再使水变得清澈。所以这个“寂”字，并不是教我们像木头那样毫无生气，而是要有“常惺惺”的生机在其中。“惺”的意思是心里有了“北斗星”，明亮不疑，有静还有定。心本不迷，这就叫作“惺惺”。“寂寂”属于“一念不生”，“惺惺”属于“一念不迷”。“寂寂”不是死寂，“惺惺”不是妄想。若能够如此，便不会有什么烦恼，而随时随地都处在禅定的境界中。“惺”和“寂”相辅相成。在现实生活中，遇事都能够做到“寂寂”“惺惺”，动中有静便可以不生妄念，静中有动才能不受干扰，才能在纷乱的世事中发挥自己的力量，保持心境的安祥和平衡。只有做到了这些，才能真正实现自己的人生价值。

智少愈完　智多愈散

【原文】

童子智少，愈少而愈完；成人智多，愈多而愈散。

【译文】

孩童的智慧很少，但其知识越少，智慧却越完整；成人的智慧很多，但其知识越多，智慧却越分散。

【赏析】

儿童的智慧和聪明越少，他的人格和本质就越完整。儿童最先天的状态叫作赤子之心，没有任何的后天污染，所以纯洁、完美、自在。成人的智慧和聪明越多，他的人格和本质就越离散。人到了成年，他的学问和知识已经能够使他自己适应这个虚伪的社会，同时人也难免变得虚伪和庸俗了，越是在社会上游刃有余，便越会使自己变得圆滑世故。所以，老子主张在这个时候要修行大道，必须用日损的方法，一天一天地减去那些虚妄的见解，以达到一种去掉聪明而无忧的境界，从而保持自己人格与本质的完整。

从多入少　从有入无

【原文】

无事便思有闲杂念头否，有事便思有粗浮意气否；得意便思有骄矜辞色否，失意便思有怨望情怀否。时时检点得到，从多入少，从有入无，才是学问的真消息。

【译文】

没有事情的时候，要反省自己是否有杂乱的念头出现；忙碌的时候，要思考自己是否心浮气躁；得意的时候，要注意自己的言行举止是否骄慢；失意的时候，要反省自己是否有怨天尤人的想法。能时时这样细查自身，使不良习气由多而少，最后渐渐地革除，这才是学问之真谛。

【赏析】

言行举止得体才会得到大家的认同，否则就会被大家轻视和排斥，一旦这样，也就很难实现自己的人生意义了。要想行为举止得体，就要时刻检点自己的行为。得意和失意的时候，是人最容易犯错误的时候。得意的时候人往往过高地估计自己，总觉得自己是天下第一，站在了事业的顶峰；失意的人，也容易灰心丧气、怨天尤人，认为老天不公。这两种情况都容易让人迷失自我，做事出错。试想，得意之时，趾高气扬，除了给自己带来祸患还能有什么呢？失意之时，空生怨恨，对事情没任何帮助，怨恨又有什么用处呢？我们每天都在积累知识，目的就在于使我们的人格更成熟，生命更圆满，所以，我们必须心地清闲，不要整日狂想。不论是得意还是失意，都不要被情绪控制。只有这样，我们言行才会得体，生活才会幸福。

脱厌如释重　带恋如担枷

【原文】

贫贱之人，一无所有，及临命终时，脱一厌字；富贵之人，无所不有，及临命终时，带一恋字。脱一厌字，如释重负；带一恋字，如担枷锁。

【译文】

贫穷低贱的人，什么都没有，到将要死时，因为对贫贱的厌倦而得到一种解脱。富有高贵的人，什么都不缺，到将要死时，却因对名利的迷恋而牵连不舍。因厌倦而解脱的人，死亡对他们而言好像放下重担般地轻松。因眷恋而不舍的人，死亡对他们而言就如同戴上刑具般地沉重。

【赏析】

人一生所为之奋斗的，无非是名利二字，而争名的目的最终还是要夺利，“天下熙熙，皆为利来，天下攘攘，皆为利往”说的就是这个意思。在这个笑贫不笑娼的社会里，贫穷的人就是卑贱，富裕的人便是高贵。贫穷、卑贱的人既无社会地位，又无经济利益，生存对他们而言是一种痛苦，死亡就是一种对于痛苦的解脱；富裕的人既有社会地位，又有经济利益，身边无所不有，当他们面对死亡的时候，心里充满了恐惧。因为他们在世之时，完全依赖着他们的财富，对于财富的留恋和失去财富的恐惧就好像一道道枷锁和罗网套在了他们的身上，使他们步履艰难。真正通达的人，无论是富贵还是贫贱，他们对待生死的态度都是一样的，生的目的是死，死的目的是生，无生就无死，无死也无生。生死关难过，贫富无差别。

看透名利生死关　方是人生大休闲

【原文】

透得名利关，方是小休歇；透得生死关，方是大休歇。

【译文】

看得透名利这一关，才是小休息；看得透生死这一关，才是大休息。

【赏析】

名利一事，乃身外之事。为名为利只是空担心，争不到名利烦恼，争到了名利依然烦恼。人生真正的快乐、幸福，其实并不在名利二字上。追求名利所付出的代价和备尝的痛苦，远比得到的快乐要大得多，况且名利是短暂而易失的。参透名利观，对名利能顺其自然，不牵挂于心，对于人生历程来说，只是一个小小的休息。人的一生，死生是关键大事。由于贪生而出卖人格、出卖人民利益的事不胜枚举，为了不死，人们谨小慎微、瞻前顾后、畏首畏尾。其实，生和死全在人心的生灭，如果我们始终都能用一种无所从来、无所从去的态度来对待生死和一切烦恼，那么自然就是立地成佛而自由自在了，这便是永恒的休息了。

多欲无慷慨　多言无笃实

【原文】

多躁者，必无沉潜之识；多畏者，必无卓越之见；多欲者，必无慷慨之节；多言者，必无笃实之心；多勇者，必无文学之雅。

【译文】

心地浮躁的人，对事情必然没有深刻的见解；胆怯的人，必然没有超越一般的见解；嗜欲太重的人，必然没有意气激昂的志节。多话的人，必然没有诚挚忠实之心；勇力过盛的人，往往无法兼有文学的风雅。

【赏析】

心浮气躁的人，心意没有专注的地方。对任何事物都不能深入了解，不深入了解的结果就是对事物浅尝辄止。这就像掘井，已经到了离水源只有一尺的距离，浮躁的人往往会做出这里无水的决定，重新另去开掘，结果永远找不到真正的水源。

遇到事情就畏难怯苦的人，只会随着别人走，为的是避免犯下错误。

这样的人做事畏首畏尾，虽然很少犯错误，但绝对只能是一个平庸的人，当然更不会有超越众人的见解。也许，这才是一个大错误。

人都有自己的个性和口味，但若嗜好太重，对什么东西都不肯放弃的话，到了关键时刻，肯定会对事业不利，甚至会破坏事业。夸夸其谈，好在口头上议论事情的人，其着眼点只在于如何去说，而不是去做。战国时的赵括就是最好的例子。勇力过盛，什么事情都用拳头解决的人，多是草莽英雄；而文学雅趣，需要的是细腻的心思、微妙的灵感，只有具备了这些，才能算是风流儒雅；崇尚勇力的人，心气较粗，很少具有文学雅士的雅量。

所以，多躁、多畏、多欲、多言、多勇都不是一个良好的形象。

佳思侠情一往来　书能下酒云可赠

【原文】

佳思忽来，书能下酒；侠情一往，云可赠人。

【译文】

美好的情思突然来时，无须佳肴，有书便能佐酒；不羁的情意一发，即使手中无物，亦可以云赠人。

【赏析】

酒是穿肠毒药，但人生却离不开酒。无酒不成敬意，三两知己好友，吟诗作赋、浅斟低吟，不求千杯不醉，但至少要开怀畅饮、一醉方休。下酒之菜，可为一闲情、一佳思，甚至一书本，不必为物质，精神亦能陶醉人。

世人多借以物赠人作为人情。但文人本来清雅，豪气一发，即使是一片云也可用来赠人，心情潇洒而不落俗套，意境高远而精神超然。世人赠物，物坏而意尽；儒侠赠片云，云去而意存。

美人迟暮名将老　四大皆空苦不到

【原文】

人不得道，生老病死四字关，谁能透过？独美人名将，老病之状，尤为可怜。

【译文】

人若对生命不能大彻大悟，生、老、病、死这四个关卡，又有谁能看得破？尤其是倾国倾城的美人和叱咤风云的名将，他们的老病情状，更使人感到生命的无奈和可怜。

【赏析】

人生总被生、老、病、死四字纠缠，若没有彻悟的精神，是看不破这四字的，要想彻悟，必须要做到四大皆空。然而，拥有越多的人，对世俗就越留恋，就越不容易放弃，看破这四字就会越加困难。尤其是倾国之美人，拥有天生丽质；不朽之名将，拥有耀眼的光环。他们的生命充满着喜悦、洋溢着幸福，众星捧月、鹤立鸡群。他们完全没有必要去看破红尘，但任何光环的背后都有着辛酸和忧愁，即使一帆风顺，也会担忧万一失去目前的所有该怎么办？多少贤臣名相失势后的凄惨，多少美丽少女容颜凋落后的伤悲，都让我们警醒：不管是贫富贵贱，都需要四大皆空。只有做到不以物喜，不以己悲，万事不萦于怀，才能使自己的人生达到乐观悠然的境界。

饮酒高歌不放肆　大庭卖弄假矜持

【原文】

真放肆不在饮酒高歌，假矜持偏于大庭卖弄。看明世事透，自然不重功名；认得当下真，是以常寻乐地。

【译文】

真正不拘于规矩礼数，并不一定要饮酒狂歌；虚假的庄重好在大庭广众间故意做作。能将世事看得透彻，自然不会重视功名；只要即时明白什么是最真实的，就能寻找到让心性感到怡悦的天地。

【赏析】

一般人把鲁莽的豪爽当作率真，把刻意的矜持当作礼貌。其实，真正性情的流露又何必假以形式？饮酒狂歌并不一定是率真，大庭广众下的矜持也许更加虚伪。一个只注重形式的人，是不会感受到幸福的，因为幸福只是一种感受。一个有真性情的人，绝对不会把自己的生命浪费在那些虚幻不实、妄想浮夸的形式上，也不会为那些毫无意义的壮志激情来束缚自己的身心。这样的人永远保持着自己的真性情，认真地保守自己的本分，随时随地都能保持着最怡悦的状态，而不为那些俗人所谓的人情世故所扰乱。

人生得足　未老得闲

【原文】

人生待足何时足，未老得闲始是闲。

【译文】

人生活在世上若是一定要得到满足，到底何时才能真正满足呢？在还未衰老的时候能够得到清闲的心境，才是真正的清闲。

【赏析】

人的欲望是最难满足的，人心不足蛇吞象，欲壑难平，至死不足。欲望的贪婪足以让人成为欲望的奴隶，所以自己必须要有主宰权。当芸芸众生都在追求物欲的时候，我们若能够放下欲望，才能回头是岸。物欲是泥潭，一陷进去就很难再拔出来。

人若能够明白心灵上的满足才是真正的满足，精神的享受才是最大的享受这个道理，也就不会为物欲外境所驱使，生活就会过得更加安闲自在。明了这一点，放下一切欲念，顺其自然地生活，必定能够尝到真正安闲的滋味。

心性本不束　肉身是桎梏

【原文】

云烟影里见真身，始悟形骸为桎梏；禽鸟声中闻自性，方知情识是戈矛。

【译文】

在云影烟雾缥缈中领悟到了真正的自己，始知肉身原是拘束人的东西；在禽鸟鸣叫声中领悟到了自己的本性，才知感情和妄见原是攻击人的戈矛。

【赏析】

当心灵忽有所悟之际，会发觉区区肉身不过是一具皮囊形骸而已，是心灵的桎梏罢了，而万般情牵也不过是损害生命的长矛利剑。我们的真性，也就是我们心灵的本体是取法自然的，与天地相合，不拘于任何外物。佛家认为人的色身是幻，一切外物都如梦幻泡影，如露亦如电，难以永恒。所以当我们看到山头的云影烟雾来去自如、变幻多端，若能领悟到自己的肉身也如同那云烟一般变幻无常，便会明白生命的意义。若是人们能够本于心灵真性而动，不为外情所扰，便能与自然中的禽鸟相共鸣。

业障起心动　祸至因贪念

【原文】

明霞可爱，瞬眼而辄空；流水堪听，过耳而不恋。人能以明霞视美色，则业障自轻；人能以流水听弦歌，则性灵何害。

【译文】

明丽的云霞十分可爱，但是转眼之间就消失了；流水之音十分好听，但是听过也就不再留恋。人如能以观赏明霞之心来欣赏美人的姿色，那么因色而起的障碍自然就会减轻；如能以听流水的心情来听弦音歌唱，那么弦歌又何害于我们的性灵？

【赏析】

一切美好都只不过是昙花一现，瞬间即逝，如天上之云霞，似溪中之流水。人若把一切美色、贪念，都看成是一时之意，便不会被情欲、物欲所控制。再美的女子，到头来也不过是一堆白骨。凡所有相，尽皆虚妄。所谓“色即是空，空即是色”，多少贪心的追求到头来也不过只是一场虚无罢了。人生不过数十年，光阴荏苒，倏然而过。何必为情色名利而奔忙？不要为生不带来、死不带去的东西而空耗精力。“世人皆道神仙好，唯有权贵忘不了。古时将相今何在，荒冢一堆草没了。”所以人生对于物欲、情欲之事只有看淡，才能摆脱欲望的束缚，从而享受人生的美好。

挨骂不还口　便是得便宜

【原文】

寒山诗云：“有人来骂我，分明了了知，虽然不应对，却是得便宜。”此言宜深玩味。

【译文】

寒山子的诗说：“有人跑来辱骂我，我虽然听得很清楚，却没有任何反应，由此我得到很大的好处。”这句话很值得我们深深地品味。

【赏析】

人在生活中，不得意的事很多，就看自己怎么处理。处理得好，就活得自在；处理得不好，就会自寻烦恼。而最不得意的事情就是遭到别人的侮辱，许多纷争和不快都是由此引起的。苏轼曾经说过，匹夫的勇气就在于当他遇到侮辱时会拔剑而起、挺身而斗，往往不会考虑后果，为一时之气，造成不可收拾的结局。古人讲德，有“唾面自干”的例子。老子也说：“夫唯不争，故天下莫能与之争。”倘若遭到他人辱骂，首先要找寻原因。若错在对方，便任其骂去，对方骂得越凶，那么他脖子上的道德枷锁就会勒得越紧。而我们不理，就会凸显出高尚的修养和君子的风范。

宁无忧于心　不有乐于身

【原文】

有誉于前，不若无毁于后；有乐于身，不若无忧于心。

【译文】

面前有赞美的言辞，倒不如背后没有毁谤的舆论；身上感到舒适快乐，倒不如心中无忧无虑。

【赏析】

人生在世，物质生活是次要的，应该以精神快乐为根本。肚子吃饱了，吃好了，谁都高兴；衣服穿好了，穿暖了，谁都快乐；但这些毕竟都是肉体上的快乐，得不到，满足不了，一定会忧愁烦恼的，这忧愁烦恼却不仅仅是由于肉体上的痛苦与否决定的。有的人是衣来伸手，饭来张口，妻妾成群，应该说很快乐幸福了。但却照样忧心忡忡，食不甘味，寝不合枕，身在乐中却无法享用。原因是有了身体上的快乐还不满足，还要追求更大的权利和名声。欲望越大，心中就越不安宁，越要考虑到自己的前程、金钱、事业、权位等，最后心里越是痛苦。而要没有私心和欲望，知足常乐，那么就是菜根吃起来也是甜的；心耳所见，无一不令人快乐。心中没有忧愁，无牵无挂，就得到了真正的自由，岂不是人生最大的快乐？

会心之语不解　无稽之言不听

【原文】

会心之语，当以不解解之；无稽之言，是在不听听耳。

【译文】

能够心领神会的言语，当不必从言语上来了解而不言自明；未经查证的言辞，当任它由耳边流过而不予相信。

【赏析】

外在有形的东西，我们用语言都可以进行表达和交流，而内心无形的境界却是无法用语言交流的。有些语言，只有本心具有了相同的境界才能够理解，所以才叫会心之语。理解不了某些语言的时候，不要去解释，而要用心灵去感悟就可以了。至于无可稽考的言谈，作茶余饭后的笑谈就可以了。若是有心执着，什么事都当了真，就难免要徒增烦恼了。无稽之谈，说者一定是无心，而听者一定也要无意才对。若双方为无稽之谈争论，不但划不来，而且还会闹出笑话。人生无处不是美景，随他言语周折，我自悠闲自在，方能领悟其中的真谛。

柳密拨得开　雨急不折腰

【原文】

花繁柳密处拨得开，才是手段；风狂雨急时立得定，方见脚根。

【译文】

在繁花似锦、柳密如织的美好境遇中，若能不受束缚，来去自如，才是有办法的人；在遭遇狂风急雨，面对挫折，穷困潦倒的时候，能够站稳脚根，而不屈服，才是有骨气的人。

【赏析】

人们在顺境中，往往能坚持自己的原则，就像在平坦的大路上不会跌跤一样。但是，平坦的大道毕竟不是生命的全部，社会上更多的是“乱花渐欲迷人眼”“雨落幽燕风更急”。多少人能拨开繁华锦绣的灌丛，在诸多诱惑中分出是非曲直？多少人能在压力之下变得更为坚强，尤其是在那生死存亡的关头？在风狂雨暴的紧要关头，能够保持良心而不做出违背原则的事的确很难。但对于君子而言，无论什么样的诱惑都能抵住。因为诱惑不过酒色财气，一个修身养性的人对此是不屑一顾的。君子在穷困的时候，也会固守贫穷而不会胡来，而小人就不一样了，对于诱惑抵挡不住，在重压下轻易其志。所以诱惑和压力能够帮助人们识别君子和小人。

悉利害之情　忘利害之虑

【原文】

议事者身在事外，宜悉利害之情；任事者身居事中，当忘利害之虑。

【译文】

议论事情的人，由于不直接参与其事，所以能了解事情的利害得失；办理事情的人，由于本身负责其事，所以应当忘却利害的顾虑。

【赏析】

所谓“当局者迷，旁观者清”，身在局中，看不清各方关系，身在局外却能把局中之势透析得一清二楚。局外人晓利害之情，局中人无利害之虑，晓利害之情的人，能从整体上把握局势，摆好各方面的利益关系，有助于事情的解决；而身处局中人的位置上，往往更多地考虑事情本身，而不顾及各方的利害关系。局外人更加理智，而局中人更显魄力。在分析事情时以局外人自居，而在解决事情时，则要以局中人自居。事到临头，切不可瞻前顾后、胡思乱想，因为稍有迟疑就可能错过解决事情的良好时机。项羽破釜沉舟之时，如果千思万虑，那么也就不会成功了，因为军粮已经没有了，拖延就可能导致失败，所以不考虑利害关系，勇往直前还是对的。

空被空迷　静为静缚

【原文】

谈空反被空迷，耽静多为静缚。

【译文】

喜好谈论空虚之道的人，往往反为空虚所迷惑；耽溺寂静的人，往往反为静寂所束缚。

【赏析】

对任何事物的追求，都不能过于执着。真正的放弃是心中无弃念，真正的空是心中无空念。佛教认为万法皆空，万物皆空，万事皆空，讲究四大皆空。但有些人为避烦恼而学佛，刻意求空，若达不到，便会更添烦恼。道教讲究静，有静而有定，有定才会有万法周天。道家有很多追随者，炼丹修药，结果成仙无门，却让自己家败人亡。静来自于心而不是表面的形式。求静求空一旦成为人们追求的目标，那么也就不静不空了。真正的空和静的境界是没有空和静的执着念头参杂于心，只有悟明了一切，不求空自己已成空，不求静自己已入静。

贫不能无志　死不可无补

【原文】

贫不足羞，可羞是贫而无志；贱不足恶，可恶是贱而无能。老不足叹，可叹是老而虚生；死不足悲，可悲是死而无补。

【译文】

贫穷并不令人羞愧，令人羞愧的是贫穷而没有志气；地位卑贱并不令人厌恶，令人厌恶的是卑贱而不知提高能力。年老并不令人叹息，可叹的是年老而一无所成；死也不足以悲伤，可悲的是死而对世人毫无贡献。

【赏析】

贫贱并不可怕，可怕的是心里贫贱，既无志又无能。有的人安贫乐道，不是无奈，而是避世，如谢安在东山隐居，随时可以东山再起，虽身为贫贱却心比天高。这样的人，日不虚度，每天都努力修炼自己，增益己所不能。所以心里是充实的，生活也是快乐无忧的。但有的人贫贱是因为没有能力，是平庸之辈，每日在忧愁烦恼中度过，是一种无奈之举，并非真的安于贫贱。这样的人，虚度一生，老而无功。死后没有任何可以补偿的东西，一生空留下许多遗憾。

人的价值就在于奋斗之中，若一生只管努力，不去计较贫富，也会感到生命的价值；若一生虚度，即使富可敌国，生命也毫无意义可言。

穷交能长　利交必伤

【原文】

彼无望德，此无示恩，穷交所以能长；望不胜奢，欲不胜餍，利交所以必伤。

【译文】

人不期望得到利益，我也不会故示恩惠，这是穷朋友能够长久交往的原因；总想有所获得，欲望又永不满足，以利交友终会反目。

【赏析】

贫穷时所交之友，只是凭一颗心意交往，没有任何企图求利之心。对方也不会奢望从我这里得到点什么好处。因此，没有利益的企图和纠葛，便成了心灵上的神交。即使到了他日，也决不会因你贫了我富了而改变初衷。因此，没有利益索求的朋友才能够长久，也就是君子之交淡如水。

朋友之间一旦以利益做为联系的纽带，最初的着眼点便在利益上。有了利益便是朋友，没有利益就不是朋友。奢望越来越大，欲求越来越高，大或高到一方满足不了另一方的时候，裂痕就出现了。一旦利益的基础不存在了，朋友的关系也就断了。所以交友当以心为本，因为人心有诚，物质无情。

当为情死　不为情怨

【原文】

情语云：当为情死，不当为情怨。关乎情者，原可死而不可怨者也。虽然既云情矣，此身已为情有，又何忍死耶？然不死终不透彻耳。君平之柳，崔护之花，汉宫之流叶，蜀女之飘梧，令后世有情之人咨嗟想慕，托之语言，寄之歌咏。而奴无昆仑，客无黄衫，知己无押衙，同志无虞侯，则虽盟在海棠，终是陌路萧郎耳。

【译文】

有人说：应当为情而死，却不当因情而生怨。有关于感情的事，原本就是可为对方而死，不当生怨心的。虽然这么说，但既然身在情中，又怎么忍心去死呢？然而，不死总不见情爱的深刻。韩君平的章之柳，崔护的人面桃花，发生在宫廷御沟的红叶题诗，以及因梧叶使夫妻再见的故事，都使后世的有情人欢喜美慕。这种美慕的情景，或者写成文字记载下来，或者表现在歌曲咏叹之中。然而，既无飞檐走壁的昆仑之奴，又无身着黄衫的豪侠之客，没有如古押衙一般的知己，又无像虞侯一般的同道之人，那么，即使以海棠作为誓约，终免不了分离的命运。

【赏析】

天地间唯有一“情”字最难说清，问世间情为何物？直教人生死相许。李清照说：“剪不断，理还乱，是离愁，别有一番滋味在心头！”《牡丹亭》中的杜丽娘为情而死，为情而生，感天动地。所以人常说，对于情义而言，真是死而无怨。“天长地久有时尽，此恨绵绵无绝期。”情到深处空余恨，也只有一死才能了之，也只有一死才能显示出相思和恩爱的深刻，只有死才能圆那个梦。

恩爱的人总要别离，就是佛家所说人生八苦中的“爱别离苦”。如何摆脱这种痛苦又能不死呢？最好的办法就是不要执着。有情便去珍惜，无情也不沮丧。有缘则会，无缘则别。合得痛快，离得潇洒，人间便会减少许多痛苦，生活会变得更美好，这不就是极乐世界吗？

缩不尽相思地　补不完离恨天

【原文】

费长房缩不尽相思地，女娲氏补不完离恨天。

【译文】

费长房的缩地术，无法将相思的距离缩尽；女娲的五色石，也无法将离人破碎的情天补全。

【赏析】

世间最难了却的就是相思二字，苏轼说："不思量，自难忘。"胡适先生说："也想不相思，可免相思苦。几次细思量，情愿相思苦。"相思虽苦，这都知道，可就是欲罢不能，"不想相思亦相思，若想相思思更苦"。若要不相思，最好让相思的人在一起，见了面自然就不相思了。费长房有缩地鞭，但却缩不尽天下相思人相隔的距离。因为那是心灵的距离。见面虽解相思之苦，但日久又矛盾百出。所以又需要保持距离以维持爱情的甜蜜。但再甜蜜的爱情也有缺憾，世界上最难弥补的就是感情的遗憾。女娲本事再大，也难以填补这人为的情天恨海。正因为情天恨海有缺憾，人类才会有情意的曲折波动。如果一切都是完美的，人类的生活就失去了乐趣与意义，我们也就感觉不出完美了。

可魂系梦萦　不失魂落魄

【原文】

枕边梦去心亦去，醒后梦还心不还。

【译文】

一入梦中，心便随着梦境到达他的身边；醒来之时，心却没有随着梦而回来。

【赏析】

“打起黄莺儿，莫叫枝上啼。啼时惊妾梦，不得到辽西。”相思的人儿经常会茶饭不思，魂牵梦萦。有时是失魂落魄、形容枯槁；有时是身不能相随，只有魂梦相伴天涯。

梦中虽能相随，但醒来毕竟是一场梦。“可怜无定河边骨，犹是春闺梦里人。”相思既苦又悲哀，即使梦中人已成白骨一堆，自己却依然“相思无尽处”。相思不仅是少男少女的特权，就连那些已婚的人也会去思恋第三者或其他人，未婚的相思尽管痛苦，尚能公开。已婚的就难多了，即使是做个好梦，还怕梦中声音被人听到。

与其如此，何不放下相思心，享受一下大自然的美妙，人生有比情爱更重要的事。若想活得潇洒自在，就不要爱得死去活来。

醉卧美人旁　欲念不曾动

【原文】

阮籍邻家少妇，有美色当垆沽酒，籍常诣饮，醉便卧其侧。隔帘闻坠钗声，而不动念者，此人不痴则慧。我幸在不痴不慧中。

【译文】

阮籍邻家有个十分美貌的少妇，当垆卖酒，阮籍常去畅饮，醉了便睡在她的身旁。遇到这种情形，若是隔着帘子听到玉钗落地的声音，而心中不起邪念的，这个人不是痴人便是绝顶聪明的人，我幸亏是个不痴不慧的人。

【赏析】

红颜祸水，海伦挑起了特洛伊战争，妲己灭亡了商纣王朝，尽管如此，人们对于美色依然趋之若鹜。所以孔子说：“未有好德如好色者。”虽然“食色，性也。”但色乱情迷，迷失自我，就有所不值了。凡事皆有一个度，德虽高尚，但过于强调德，未免矫揉造作。阮籍生在乱世志不得抒，好德不成，转而好色。他的邻居有美妇当垆卖酒，他就躺在美妇身边。真是一醉美人旁，做梦也风流。

但阮籍清楚，美妇不是自己的，自己只能欣赏，花钱买醉，所以他醉翁之意不在酒，也不在色，但图得一醉一赏也足矣！阮籍生性豁达，酒可以喝，色可以好，但就是不要给自己找麻烦。若非阮籍是不痴不慧之人，换做别人，估计是做不到阮籍“醉卧美人旁，欲念不曾动”的。

慈悲筏济人　恩爱梯接人

【原文】

慈悲筏济人出相思海，恩爱梯接人下离恨天。

【译文】

以慈悲为筏，度人出这相思形成的大海；以恩爱为梯，接人走下这满布离恨的高天。

【赏析】

佛家讲慈悲普度，那么要让人跳出相思苦海，或者接引人走下那离恨天，最好的办法是有那“慈悲筏”和“恩爱梯”。佛要以此来普度众生，就当使天下有情人皆成眷属。佛见众生相思恩爱所造成的痛苦永远没有尽头，使得他们普度众生的责任永远也没有尽头。大家都苦不堪言，于是有那真佛下世来教导人们去自觉和自省。自觉的意义是不可估量的。世间之爱多为盲目，有时出于一种感情的需要，或者被一种假象迷惑，便会投入自己真诚的爱。如果人人保持一种清醒的头脑，把自己的爱献给整个大自然，也就可以从那鸟语花香中领略到大自然的美丽和活泼来。

花柳深藏　雨云不入

【原文】

花柳深藏淑女居，何殊三千弱水；雨云不入襄王梦，空忆十二巫山。

【译文】

幽静而美好的女子，她的深闺锁在花丛柳荫的深处，就好像蓬莱之外三千里的弱水，有谁能渡？行云行雨的神女，不来襄王的梦里，就算空想巫山十二峰，又有什么用呢？

【赏析】

古时女子不自由，婚姻不能自主，就如那“杨家有女初长成，养在深闺人未识”一样，这是在父亲家的处境。但到了夫家，便是“庭院深深深几许”。也正是她们深居难出，才增加了无穷的魅力，使那些情种们牵肠挂肚。“窈窕淑女，君子好逑。求之不得，辗转反侧。”君子要得淑女，可淑女往往不领情。最终结果，往往是淑女嫁了一个小人，君子娶了一个泼妇。自然规律就这样不公平，或许也是公平的罢！大家都不满足，才会不停地追求，人生才有了意义。

楚襄王游十二巫山，梦到巫山神女前来侍寝，自荐枕席。神女告诉他，自己朝为行云，晚为暮雨，但楚襄王空相思一场，却是“云雨不入襄王梦，神女不下巫峰来”。越是得不到的，才越觉得美丽，得到的反而不珍惜，因而楚襄王与神女幽会的梦，虽是一场空，却千古流传，寄托了人们对感情的希冀之心。

天若有情天亦老　人间正道是沧桑

【原文】

黄叶无风自落，秋云不雨长阴。天若有情天亦老，摇摇幽恨难禁。惆怅旧欢如梦，觉来无处追寻。

【译文】

黄叶即使无风，也独自飘零；秋天虽不下雨，也总为云所覆盖而显得阴沉。天如果有感情，也会因情愁而日渐衰老。这种无所附着的幽怨，真是难以承受。回想旧日的欢乐，仿佛梦中一般更添无限的愁绪，梦醒之后，又到何处找回往日的欢乐呢？

【赏析】

黄叶飘飞，万物枯老。秋天一到，乌云长阴。好像万种情愁凝集，难以畅心一笑。天似有情，物亦有情。此乃以我观天，则天皆着我之色彩；以我观物，则物亦着我之色彩。“西风吹老洞庭波，一夜湘君白发多。”都是把自己的心情转移到他物之上。其实，天本无情，物亦无情，何来忧愁？何来老幼？“年年岁岁花相似，岁岁年年人不同。”“人生代代无穷已，江月年年只相似。”天既无情，千岁如一。呼之不应，喊之无声。便只好把情愫寄托于美梦。李煜为阶下囚，尚且“梦里不知身是客，一晌贪欢。”等醒来后“惟觉时之枕席，失向来之烟霞”。心里一茫然，欢情化作困苦。梦境本缥缈，无法追逐，而人们偏要执着，所以痛苦产生了。若人们不再执着，能够觉悟人生，就不会感慨“天若有情天亦老”了。

小玉和西施　飞烟与尘弥

【原文】

吴妖小玉飞作烟，越艳西施化为土。

【译文】

吴宫妖冶的小玉，已经化作飞烟；越国美艳的西施，也已成为尘土。

【赏析】

吴王夫差的小女名为紫玉，私下恋爱着一个童子名叫韩重，因为两人不能在一起，最终为情而死，化烟而去。不管如何，韩重总算是得到紫玉的心了。越国的西施美艳绝伦，吴王夫差被灭亡之后，她与范蠡一起去泛舟西湖。西施死后葬在了西湖边，西施一代佳丽，终化尘土。无论是得到了人还是得到了心，今人看来不过皆为飞烟与尘土。妖冶的小玉与美艳的西施都化作了飞烟与尘土，那么其他的女人还能够永驻青春美貌吗？既然美貌不能常驻，又何必苦苦去追求。情爱的真相原本是飞烟与尘土，一时风吹起，烟尘便乱飞，忽然风儿静，烟散尘落地。但尘烟弥漫之际，人们却总要去追寻，以致“衣带渐宽终不悔，为伊消得人憔悴”。等到我们将成为飞烟与尘土之际，我们才会真正明白人生的真谛。

杨柳凝别恨　阳关诉离肠

【原文】

几条杨柳，沾来多少啼痕；三叠阳关，唱彻古今离恨。

【译文】

摇摆的几条柳枝，沾上多少离人的泪水；反复的阳关之曲，唱尽古今分离的幽怨。

【赏析】

杨柳本是无情物，只因种在离别的路上，柳便与离别的人儿有了千丝万缕的联系。“天亦惜离别，不遣柳条青。”“此夜曲中闻折柳，何人不起故园情！”咸阳古道那几条垂柳，不知送走了多少离人儿，杨柳无情人有情，杨柳无泪人有泪。别情依依春意深，泪洒柳枝寄情郎！古往今来，杨柳枝上不知沾染了多少泪雨啼痕，又记录了多少恩恩怨怨！阳关也常是送别之景，衬别离之人。“劝君更尽一杯酒，西出阳关无故人。”出了玉门关，何处有亲人呢？再喝他一杯吧！所以，那些歌唱这首诗的艺术家把它低吟慢唱，便衍出来一曲阳关三叠来。它的确唱出了千古离人的忧愁怅恨，是那么委婉凄凉，悲歌慷慨，催人泪下！

绿绮情弹无知音　画眉深浅谁与看

【原文】

弄绿绮之琴，焉得文君之听；濡彩毫之笔，难描京兆之眉。瞻云望月，无非凄怆之声；弄柳拈花，尽是销魂之处。

【译文】

拨弄着诉爱的弦琴，如何能有文君一般知音的女子聆听？濡湿了画眉的彩笔，却难得到张敞那般温柔的人儿为她画眉。抬头望见浮云明月，耳中所闻无非是悲伤的声音；攀柳摘花，处处是魂梦无依的地方。

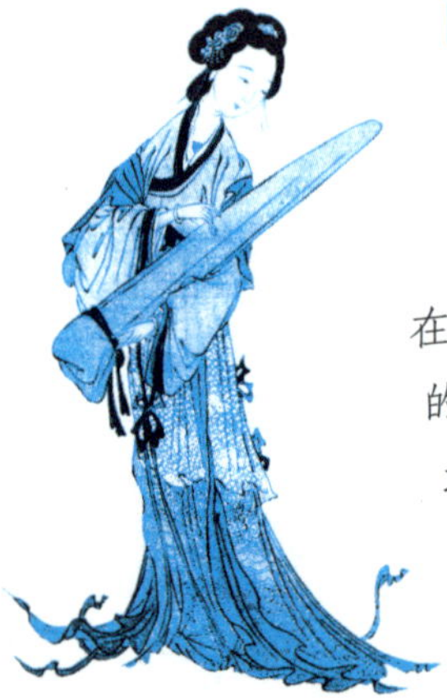

【赏析】

汉代才子司马相如与好友王吉一起去卓王孙家住，司马相如于宴会上用绿绮琴弹奏起一曲《凤求凰》来挑逗卓王孙的女儿卓文君。文君一听，心生倾慕，便在夜间私奔相如。这二人的结合风流浪漫，使千秋万代的才子佳人羡慕不已。琴名“绿绮”，所弹的无非是凤求凰之意，唯有那深谙其中奥妙的情人才能明白。汉代张敞曾做到京兆尹，他们夫妻恩爱，至诚至深，所以经常为妻画眉。当时有人嘲笑他，他却毫不羞惭地说：“闺阁之中，有甚于此者！”所以，当时京兆中到处盛传着张敞眉。其实张敞所画的是情不是眉。无论男女，都渴望有一位知音的人生伴侣，当知音难求之际，所见一切皆为悲景，明月照人，浮云遮掩，耳闻凄怆声，摆弄柳枝，拈起花朵，心上人儿岂不如此！可惜春花秋月虚度，芳华何人与共！只怕流年岁月暗中换，怎么不令人心神凄惋、魂梦惊销呢？

豆蔻不消心上恨　丁香空结雨中愁

【原文】

豆蔻不消心上恨，丁香空结雨中愁。

【译文】

豆蔻花繁叶茂，也难消少女心中的幽恨；丁香花团锦簇，却徒结着少女心中的怨愁。

【赏析】

豆蔻年华是女子一生中最美好的时候，花容月貌，沉鱼落雁。可是如果没有一个真正的知音和情郎来欣赏赞叹的话，那还有什么意义呢？漂亮的女子，不一定幸福，豆蔻的年华，不一定快乐。对一个女人而言，有一个知心郎君对她倾慕，那她就会生活在花季里；没有情郎，即使再漂亮也不会消除她心上的遗憾和忧愁。豆蔻不豆蔻，关键在于心上。

李伯玉的《浣溪沙》中有："青鸟不传云外信，丁香空结雨中愁。"青鸟是王母娘娘的使者，而王母管辖的是天上所有仙女，青鸟不来，证明仙女未到。丁香花虽然开了，但期盼的人没来，再美的丁香花也会呈现一片恶意。心上人儿消失了，世界便一片空白。这就是寓情于景，万物皆着我之色彩。

情人说痴话　痴情是真情

【原文】

填平湘岸都栽竹，截住巫山不放云。

【译文】

应将湘水两岸填平，种满斑竹；更把巫山之云截下，永不放行。

【赏析】

情到真处反成痴，情语往往是痴话，痴话听来却更能见出情真意切来。所以贪婪的情郎身处温柔乡，竟然欢娱嫌夜短，便说出了"愿得连暝不复曙，一年都一晓"的痴话。大舜的妃子娥皇与女英为大舜自沉于湘水。相思的眼泪洒在竹子上，变成斑竹，挥洒不尽，千古以来的感情也消磨不尽。

宋玉《高唐赋》中记述，楚襄王梦见巫山神女自荐枕席，神女说自己朝为行云、慕为行雨，朝朝暮暮在阳台之下，楚襄王便想把云彩留住。其实留云不如留梦，留梦实要留人。一次两次相见，也许还有点新鲜感，一旦日夜厮守，也许就要打起仗来了。巫山云来，你尽情欣赏；云去，你不妨低头看看自己脚下，也许还有更多好的东西呢！"行到水穷处，坐看云起时。"一切的一切都顺其自然，既领略了大自然的美好，又拥有了自我的完善。

顾影自怜无用　心动不如行动

【原文】

那忍重看娃鬓绿，终期一遇客衫黄。

【译文】

哪忍镜前观赏这青春美貌和乌亮的秀发，只希望能像霍小玉那样遇到黄衫豪士。

【赏析】

《李娃传》中，名妓李娃爱上了荥阳生，助其考取功名，一个遍招天下客的名妓爱上一个落魄子弟，实在是难能可贵。

《霍小玉》中，霍小玉被负心郎李十郎抛弃，但她却仍然一往情深，她的真情感动了一个黄衫豪客，黄衫豪客把李十郎带到霍小玉面前，霍小玉发誓道：“李君李君，今当永诀。我死之后，必为厉鬼。”那一腔真情挚爱即便化作鬼魂也消散不去。黄衫客最终为小玉带来李十郎并且替她伸张了冤恨，这让天下所有负心之人都有所警醒！

化石而立　千古情魂

【原文】

幽情化而石立，怨风结而冢青；千古空闺之感，顿令薄幸惊魂。

【译文】

深情化为望夫石，幽风凝成坟上草。千古以来独守空闺的怨恨，真令负心的男子为之心惊。

【赏析】

湖北武昌北山上有一块石头名曰“望夫石”，相传过去有个贞节的女子，她的丈夫服役去作战，她相送至此，站立久了，便化作一块石头，望夫夫不归，石头遂叫作“望夫石”，山便成了“望夫山”。痴情空化幽怨，怎不让人伤感？汉元帝妃子王昭君仗恃自己容貌美艳，独独不去巴结画师毛延寿，遂被点破美人图，不得谒见元帝。临行上朝，皇帝一见，她的容貌竟然为后宫第一人。等昭君走后，元帝后悔已晚。

结果把毛延寿处斩。昭君嫁到胡地，不适应当地风俗，所以一腔怨恨都倾诉在琵琶上，死后坟冢上长出青草。从古到今，独守空闺的痴情女子，发出了多少感叹？流传了多少动人的故事？

良缘易合　知己难投

【原文】

良缘易合，红叶亦可为媒；知己难投，白璧未能获主。

【译文】

美满的姻缘容易结合，即使是红叶也可以成为良媒；知己难以投合，即使抱着美玉也难以得到赏识的人。

【赏析】

唐僖宗时，宫女韩翠萍把一首诗题在红叶上，放在御沟里，却被那士人于佑拾了，于佑和诗一首，同样放在御沟里，却又被韩氏拾得了。后来，韩泳丞相为他们说媒，礼成之后，二人谢媒。在这里红叶是良媒，但何物不是良媒？手帕、树枝均可，只要有缘可以相聚，媒不过一种形式罢了。

楚国有个叫卞和的人，在楚山上得到一块璞玉，然后抱上去献给楚厉王，厉王不信，刖其左脚。武王即位后，卞和又献，武王还不信，又刖其右脚。等文王即位后，卞和就抱着璞玉在荆山下哭，文王便派人帮他清理璞玉，果然得到一块难得的玉，名曰“和氏璧”。真是知己难逢，白璧也难逢其主，何况人乎？看今之世间，衣褐怀璞的人很多，但多数却怀才不遇，怨天尤人。其实若如卞和一样坚持，再落魄的人最终也会得到“和氏璧”的。

鸟沾红雨　不任娇啼

【原文】

蝶憩香风，尚多芳梦；鸟沾红雨，不任娇啼。

【译文】

当蝴蝶还在春日的香风中憩息时，青春的梦境还是芬芳而美好的；一旦鸟羽沾上吹落的花瓣，那时的啼声便凄切而不忍聆听了。

【赏析】

美丽娇柔的蝴蝶在春日里小憩，春光无限好；人在青春之时，正如这盛春之景，梦幻一般的年龄，正是畅想未来的时候，有群芳做伴，是何等的快乐！但好景不长，春不常在，一旦落红无数，更兼几番风雨之际，暮春便匆匆来到，留春春不住，只有那画檐蛛网，尽日惹飞絮。这时鸟儿的啼鸣也会变得凄切。香泥沾湿，黄昏独愁。暮春的情景让人伤感，更让人叹惋留恋。所以在初春之时，就要晓得春光易逝应倍加珍惜。这样做的话，即使春光一去不复返，我们也不会后悔的，因为我们珍惜了属于我们的每一寸光阴。

饮罢相思水　方识相思情

【原文】

无端饮却相思水，不信相思想杀人。

【译文】

无缘无故地饮下相思之水，却不相信真会教人想念至死。

【赏析】

“一寸相思千万绪，人间没个安排处。”相思最苦最无端，非要等到“此情可待成追忆，只是当时已惘然”。时间是医治相思最好的良药，任何人一旦陷入相思局中，便会失去理智，甚至会变得疯狂。局外人往往不能理解，西方人常说，人一旦被爱神之箭射中之后，谁也逃脱不了，人会莫名其妙地被感情驱使，做出一些不可思议的事情来。任何人只有亲自尝了相思的味道，才能体味出相思的苦。正如年少不知愁滋味的时候，为赋新词强说愁，等识尽愁滋味后，欲说还休，却道天凉好个秋。相思是一杯毒酒，没尝之前，怎么想也想不出味道，尝了只那么一口，便会魂牵梦绕。更有甚者，为之而死。但心病终须心药医，一旦看淡了这种相思，从而去体验比爱情更重要的感受，则无处不是乐土。

多情成恋　薄命可嗟

【原文】

陌上繁花，两岸春风轻柳絮；闺中寂寞，一窗夜雨瘦梨花。芳草归迟，青驹别易；多情成恋，薄命何嗟。要亦人各有心，非关女德善怨。

【译文】

路旁的繁花都已开尽，河畔的春风吹起柳絮；深闺中的寂寞，就如一夜风雨的梨花，使人迅速消瘦。骑马分别何等容易，但望断芳草路途，人却迟迟不归。就因为多情而致依依不舍，命运乖违嗟叹又有何用？人的心中各自怀有情意，并不是女人天生就善于怨恨。

【赏析】

繁花盛开，柳絮纷飞，春日美不胜收；心情便如这陌上柳，随风轻拂，沐浴在无限美好的春光之下。恋人们在春日里，尽情踏青斗草，好不热闹。春江两岸，薰风吹拂，柳枝袅娜，招惹着人们的情思绵绵。

但于寂寞深闺之中，只有孤窗相伴的时候，更加上帘外雨潺潺，便徒增添无限伤感。紫陌红尘，歌妓艳女尽情欢乐；清冷闺阁，纯情女子独伴孤灯。时光易逝，春光不再，一朝春尽红颜老，落个老大嫁作商人妇的命运，岂不悲哀？所以女子多痴情，男子多负心。望断芳草路，良人犹未归。也许男人已做陈世美，自己还在苦守期盼，怎不让人心生忧怨？难道只是因为女子的天性吗？实在是情非得已。

情之所至　风伴月容

【原文】

幽堂昼深，清风忽来好伴；虚窗夜朗，明月不减故人。

【译文】

幽静的厅堂，白昼显得特别深长，忽然吹来一阵清风，仿佛友伴一般亲切。打开的窗子，显出夜色的清朗，明月的容颜，如同故人一般融洽。

【赏析】

寂寞是最难耐的，若一个情致高雅之人，还可与清风明月为伍。如李白月下独酌："举杯邀明月，对影成三人。"但若是一个没有闲情逸致的人，面对寂寞和孤独，就会感到痛苦，长期的寂寞还会让人产生精神分裂的症状。所谓相思之苦，就是因为难耐寂寞，若一人失恋之后，有一人来安抚其孤独，那么他的精神就会好很多。世间所有的寂寞排遣办法只有一个，就是心灵的充实，无论身处何种寂寞困苦环境之下，只要心灵不再孤单，寂寞的感觉就会很少。这就需要多读书，只有知识丰富，才能想象丰富。在孤独之际，手捧书卷，有明月、清风、古人已足矣。畅游在历史的长河中，不需要太多的世俗之人相伴。

听得春花秋月话　识得如云似水心

【原文】

初弹如珠后如缕，一声两声落花雨。诉尽平生云水心，尽是春花秋月语。

【译文】

初闻琴声仿佛珠落玉盘，再听却如细丝一缕，偶而崩出一声两声，又像园中落花之雨。琴声诉尽平生云水之志，听来都是春花秋月之语。

【赏析】

人生一世，知音难觅。知音是心灵的沟通，任何一个知音都是我们自己心灵的外化。人生漂流，云水生涯，无有定准。雨打残花，落红无数。当年轻时的理想都化为泡影时，一腔哀怨向谁诉说？古人难觅知音之际，往往通过琵琶来表现，如《琵琶行》中所言："弦弦掩抑声声思，似诉平生不得志。低眉信手续续弹，说尽心中无限事。"人的一生，随时都有悲欢离合，需要情绪的倾诉，但却没有倾诉的对象。春花秋月虽无情，但有情之人也不妨把情寄托于风月。春花秋月何时了，往事知多少？只要有心寻觅知音，没有事物不是知音，只要心灵安宁了，春花秋月依然可以慰藉我们的心。

边陲封疆缩地　中庭歌舞犹喧

【原文】

料今天下皆妇人矣。封疆缩其地，而中庭之歌舞犹喧；战血枯其人，而满座貂蝉之自若。我辈书生，既无诛乱讨贼之柄，而一片报国之忱，惟于寸楮尺字间见之。使天下之须眉面妇人者，亦耸然有起色。

【译文】

今日天下还有哪个男儿可称得上是大丈夫呢？无非都是些妇人罢了。眼看着国土逐渐为敌人侵吞，然而厅堂中仍是一片笙歌；战士因血流尽而枯干了，朝廷中美女如云仿佛无事一般。我们读书人，没有诛平乱事、讨伐贼人的权柄，只有将报国的赤诚在文字上加以表现，使天下枉为男子汉的人因惊动而有所改进。

【赏析】

男儿当报效疆场，为国尽忠，只有妇人子女才安守在家，唱歌跳舞。但在内忧外患之际，无能臣猛将为国分忧，眼看敌人封疆掠地，而中庭之内仍是笙歌一片，歌妓舞女依然尽兴欢娱，朝中之人也仍旧怡然自乐。这岂不是天下间尽皆妇人了吗？读书之人空有报国之心，但手上无权。只能把一颗拳拳爱国之心寄托在文字上了，希望能够通过文字使天下那些掌权之人有所觉悟，此段话反映出作者对朝廷腐败的强烈不满，同时也反映了作者爱国的赤子之心。

人应通古今　士要知廉耻

【原文】

人不通古今，襟裾马牛；士不晓廉耻，衣冠狗彘。

【译文】

人如果不知通达古今的道理，就如同穿着衣服的牛马一般；读书人如果不明白廉耻，就像穿衣戴帽的猪狗一样。

【赏析】

人生在世，要多学历史，通古达今。虽然人生不过几十年光阴，还是应该珍惜时间，勤学历史，学习古圣先贤的哲理与处世经验。所谓通达古今，也无非是指那些做人的道理而言。中国自古以来，最重要的就是讲做人的道理，所以圣贤留下的格言，无不在教导我们如何做人。

至于知识分子，古代称之为士，是人类文明的传播者，也是民族文化的典型代表。他们所承载的应该是厚重的历史和文化，所以言行举止都是一般平民的表率，所以知识分子应该正己、修身、齐家、治国、平天下。这是知识分子的义务，心正而后身修，身修而后家齐，家齐而后国治，国治而后天下平。希望知识分子都能够从自我做起，影响社会，止恶扬善，宏扬正义的社会风气。

宁以风霜自挟　毋为鱼鸟亲人

【原文】

苍蝇附骥，捷则捷矣，难辞处后之羞；茑萝依松，高则高矣，未免仰扳之耻。所以君子宁以风霜自挟，毋为鱼鸟亲人。

【译文】

苍蝇依附马尾，速度固然很快，但却去不掉黏在马屁股上的羞愧；茑萝绕着松树生长，固然可以爬得很高，但也免不了攀附依赖的耻辱。所以，君子宁愿挟风霜以自励，也不要像缸中鱼、笼中鸟那样亲附于人。

【赏析】

君子立身处世，决不在于地位的高低，也不在于什么荣华富贵，而在于能否自己独立于世，有所建树。如果有所建树，即使挟风带雨，备尝艰难困苦，也不会像那缸里的金鱼和笼中的小鸟一样，庇于人下以求衣食。因为那完全丧失了一个人的独立和尊严，一切得看人眼色行事，只求得主人高兴，然后赏赐一点衣食。与其这样生活，还不如在那大天地里饱经风霜来得痛快些。至于苍蝇、莺丝、女萝那般趋炎附势的人，更不要说什么真性情了，就连最基本的做人的尊严都没有了。君子当有自己的权威和尊严，应该不屑于做为富贵而取悦于人的事情。

无位之公卿　有爵之乞丐

【原文】

平民种德施惠，是无位之公卿；仕夫贪财好货，乃有爵之乞丐。

【译文】

一般百姓若能多做善事施惠与人，虽然并无官位却可比公卿；在朝官吏若贪污图利，虽有地位却如同乞丐。

【赏析】

人生的价值不在于高官厚禄，也不在于轰轰烈烈，不管是千秋功业还是平庸一生，到头来一切皆归尘土。而人生一世，当求无烦恼、无忧虑，心胸豁达即是。所以不管贵或贱、贫或富，都应修身养性，心似旭日，神若泰山。这样心绪能由自己做主，不会为外物所束缚而飘浮不定。即使身为乞丐，但心有定数，不管风吹浪打，胜似闲庭信步，能达于此者，乃是无位之公卿，虽然流落市井，但自给人一种高贵气质。即使平庸一生，形迹所至，亦让人敬佩。但若身居高位，贪财好利，一心只有贪欲，无修身之德，这样的人，早晚有一天会沦为阶下囚，即使一生平安，其昏昏噩噩的一生也会被钉在历史的耻辱柱上。

失足一恨 悔之千古

【原文】

一失脚为千古恨，再回头是百年人。

【译文】

一时不慎而犯下错误，会造成终身的遗憾，等到发觉而后悔之时，已是事过年衰无可挽回了。

【赏析】

一招错，全盘输。有的事情来不得半点错误，千里之堤，溃于蚁穴；差之毫厘，谬以千里。一旦造成了不可估量的损失，后悔也就迟了。红军湘江血战，皆因重用李德、博古之过，尤其是迷信李德的学历，结果差点把红军葬送。大事错不得，一错就是万劫不复。小事也要谨慎小心，很多年轻人，血气方刚，会为爱情自杀或去杀人。结果一失足成千古恨，只好在铁窗里度过余生。有些人年轻时犯了错误，到老年才忏悔不已，希望人生重来，但后悔已晚。幡然悔悟之际，已是百年之人。为了不给人生留下遗憾，最好是诸事防患于未然，以敬畏之心做事，则事事有条理，错误会极少。

圣贤托日月 天地现风雷

【原文】

圣贤不白之衷，托之日月；天地不平之气，托之风雷。

【译文】

圣贤所不曾表明的心意，已托附于日月；天地因不平而生的怒气，却表现于风雷。

【赏析】

世间有不平之事，天地之间也会生出不平之气。天地之间，高下相倾，五行之气不平衡，种种生气相摩荡，便能生出愤怒之气。遇到奇冤，便有异象显示。六月飞霜，大旱三年，正是窦娥对世间的诅咒。人间的正道乃是公平和正义，做公正之事，受人敬佩。行善因就会得善果。这都是人生的规律，但有那强权之人，横行无忌，制造冤屈，却逍遥法外，百姓无权无势，对此又无奈，所以只好寄托于天地风雷等自然异象。在政治上，没有道德只有强权，在处世上要强调道德。

不因怨而失愿　不因财而伤才

【原文】

亲兄弟折箸，璧合翻作瓜分；士大夫爱钱，书香化为铜臭。

【译文】

亲如手足的兄弟如果不团结，一块合璧将分为碎玉；读书人如果爱财，书中的道理也会散发出金钱的臭味。

【赏析】

打仗亲兄弟，上阵父子兵，兄弟如手足，理应进退如一、团结一致。团结的兄弟就好比是一块美丽的玉璧，完好无损。有一个故事说，一个老人临终之际，儿子们想分他的财产，老人于是要他们每人折断一根筷子，他们轻易把筷子折断了。老人让他们把筷子合在一起，他们却怎么也折不断了，这就证明团结才是力量。若原本珠联璧合的兄弟因为利益而冰释瓜分，实在令人伤感，自古至今，兄弟相残的例子已经不胜枚举了。

读书人应该奋发向上，应当以读书明理为首务，学习和借鉴古人的经验和教训，使自己能够觉悟人生，明白事理，然后再入世做官，造福于世。书本身没什么香气，只是书中所讲的道理能使读书人的心灵得到净化；钱本身也并没什么臭味，只是钱使人忘却了做人的准则而变得丑陋恶心了。

身不束心　名不束人

【原文】

心为形役，尘世马牛；身被名牵，樊笼鸡鹜。

【译文】

人心如果成为形体的奴隶，那就如同牛马一般活在世上；倘若身心为声名所束缚，那就如同关在笼中的鸡鸭一样了。

【赏析】

心灵是身体的主宰，人的肉体是心灵的奴仆，应该受到心灵的支配。人与禽兽的区别就在于人是有思想的，而马牛是没有思想的。它们的生存只是要满足一种本能，它们奔波劳碌一生，目的就是换一把粮草，若人也只为生计而奔波劳碌一生，与牛马之物有何区别？

名利也容易束缚人的心灵，名只是一种空洞而无意义的东西，但人们却要拼命地追求，以至于被它们所束缚。名声虽能满足一时的虚荣，但这虚荣就像没有果实的花朵一般，昙花之后，没有任何实际意义，而自己却要为这名声付出巨大的精力。古人早就认识到了这一点，为了能够给自己的心带来安宁，最好的办法就是逃避，一切顺其自然，不要刻意去关注名声，甚至有意逃名，这样身心就不会为名所束缚了。

待人余恩　处事余智

【原文】

待人而留有余不尽之恩，可以维系无厌之人心；
御事而留有余不尽之智，可以提防不测之事变。

【译文】

对待他人要留有永不竭尽的恩惠，才可以维系永不满足的人心；处理事情要留有永不竭尽的智慧，才可以预防无法预测的变故。

【赏析】

人心隔肚皮，谁也看不透谁，要想于社会上处好人际关系，就一定要掌握其中的技巧。对于不同的交际圈应当用不同的方法，比如帮人办事，热情是一个方面，但不要把自己的全部都拿来对他，也不要太显示自己的实力，否则恩情一下子全给了他，他也许就不珍惜了。招待客人的时候，不要一下子好到极点，永远都给他留着一点好处，就能多维系贪得无厌的人心。

处理事情也一样，自己的智慧不可以全部用尽，还要留下一点。若是有那不足的地方，也好有个防备，唯有以游刃有余、左右逢源的手段来处理，才会有余力应付不测的变化。否则，精力已尽，智慧已竭，一旦事情发生突变，就再也没心力去应付了，岂不可惜！

既要拿得起　又能放得下

【原文】

宇宙内事，要担当又要善摆脱。不担当，则无经世之事业；不摆脱，则无出离之襟期。

【译文】

世间的事，既要能够担当，又要善于解脱。若是不能担当，便无法改善世间的事业；如果不善解脱，则难有超世的胸怀。

【赏析】

有责任、有担当，才是男儿本色。这个世界到处是一片苦海。人不仅要学会担当，还要学会摆脱。那些担当大事的人照样也是人，所以仍然免不了名利和食色等欲望，一定也会有许多的牵缠，使原本的志向也改变了初衷。因此有一个智慧而超脱的心是十分必要的，所以，男儿有志担当固然好，担当的同时，还要学会摆脱，还必须有一副超然物外的态度来对待自己的事业和生活，这就是心灵的自由和潇洒。不受外界的干扰，才能够真正地担当大事，这就是摆脱，这样才拥有了出世的胸襟和自由的心灵。

认假也识真　卖巧还藏拙

【原文】

任他极有见识，着得假认不得真；随你极有聪明，卖得巧藏不得拙。

【译文】

任凭他有多少见解，却常常看到假象而看不到真相；不管你有多么聪明，却往往暴露出机巧而藏不住笨拙。

【赏析】

事物是不断变化发展的，我们认识到的事物也不过是某一阶段的事物而已。尽管认识也在随事物的发展而发展，但永远认识不到事物的深度。因为茫茫宇宙无边无际，人永远也认识不清宇宙的广度，所以爱因斯坦说，在宇宙面前，科学只不过是个儿戏。人往往认不清事物的真实，看到的尽皆假象。

巧和拙是一个事物的两个方面，也可以说是孪生兄弟，巧的另一面可为拙，拙的另一面可为巧。《老子》说："大巧若拙"，也就是说真正的大巧也就不是巧，是无法形容的一种境界。许多极为聪明的人，常会做出一些笨拙之事，自己却浑然不觉；许多人看来是愚拙之人，却活得比那些自以为聪明的人有智慧。因为真正的聪明之人，至少会看到自己的愚笨之处，反而会守拙成巧。

量晴较雨　弄月嘲风

【原文】

种两顷附郭田，量晴较雨；寻几个知心友，弄月嘲风。

【译文】

在城郊种几块田地，计算着晴雨和气候的变化；交几个知心朋友，玩赏明月清风欣赏奇文佳作。

【赏析】

当城市喧嚣而人却寂寞孤苦的时候，人们往往向往那安静的山野郊原和朴素的乡村小道，在那里自然摆脱了在城市的艰难和痛苦。心境恬然了，必然会感受到那种田园式的美妙来。

到了乡村，远离了自己所厌恶的生活环境，重新来到了一个新的环境里，人生的趣味便建立在了距离上。大家没有直接的利害冲突，心理上的焦虑和压力减少了，人们的心灵也自然走近了。有了这样的距离，就可以使当事人用一种艺术的审美态度去观察并体验生活，从而趣味盎然地生存下去。弄风嘲月是一种游戏人生的态度，一切都看得那么透彻，也就不会有什么牵挂了。抱着这种态度去生活，无论何处都可以自得其乐！

弃俗得仙　舍仙得道

【原文】

放得俗人心下，方可为丈夫；放得丈夫心下，方名为仙佛；放得仙佛心下，方名为得道。

【译文】

能放得下世俗之心，方能成为真正的大丈夫；能放得下大丈夫之心，方能称为仙佛；能放得下成仙成佛之心，方能彻悟宇宙的真相。

【赏析】

所谓的大丈夫心，就是要能够成就一番大事业，成为妻子的依靠，最起码要在一群人中能够顶天立地，为大家分忧解难，造福谋利，也即人之所道之英雄豪杰。他们所不能勘破的就是放不下成大功、立大业的雄心，若是功业不成，大丈夫也要嗟叹懊恼备受煎熬，放不下壮志雄心，心中烦恼难以断除，所以就无法走进仙佛的行列。

仙佛并非不愿拯救世界，一样要普度众生，只是仙佛心中没有这样的念头在作祟，在他们眼中，世间种种功业，利国利民也好，战功卓著也好，无非都是那梦幻泡影，所谓理道，就是说彻底了解领悟了宇宙的实相和真谛。这实相就是诸法空相的道理，是绝对真理，不是我们人间的有限思维能想象得到的。心中没有了概念、矛盾和对立，已经无法去认识和判断，只靠我们自己去感悟。其实说到底，由大丈夫到仙佛，由仙佛到得道，也不过是人类心理不断自我完善，超越自我的过程。

修心养性可立命　人情练达天意通

【原文】

执拗者福轻，而圆融之人其禄必厚；操切者寿夭，而宽厚之士其年必长。故君子不言命，养性即所以立命；亦不言天，尽人自可以回天。

【译文】

性情固执乖戾的人福气很少，而性情圆满融通的人禄命丰厚。做事急躁的人寿命短促，而性情宽容沉厚的人寿命长远。所以，君子不必谈命，修养心性便足以安身立命；亦不必论天，竭尽人事便足以改变天运。

【赏析】

一个人的福分禄命，往往与他的性情有关系，福气指的不是吃喝玩乐、富贵名利；而是一种和平安宁的生活，是一个人精神上能够经常得到愉悦的享受，当然这就不是性情执拗之人所能持有的态度了，因为性格执拗之人，不与大家相合拍，什么事都一意孤行，稍有违逆不顺便雷霆大怒，即使众人抬举他，他的福气也不多。

凡事能够退一步想，或者替他人想想，而且乐于合群，并接受他人的建议，心情自然会愉快，做人做事也会游刃有余，左右逢源，这样人生顺利了，福气多了，即使粗茶淡饭也胜似山珍海味，相对来说那俸禄也就跟着厚了，身虽贫穷，而心富贵了。

达人离险境　俗子沉苦海

【原文】

达人撒手悬崖，俗子沉身苦海。

【译文】

通达生命之道的人，能够在极其危险的境地放手离去；凡夫俗子，则沉没在世间种种苦恼中难以摆脱。

【赏析】

悬崖与苦海，都是对生命中艰险与痛苦的表述。人生中许多境地都是危险的，比如濒临破产的边缘；遭遇恶人的陷害；或与亲人生离死别等等。在一般人看来，就好像走

在那悬崖上，死活也不敢松手。精神高度紧张，因为他们自己心里有危险，所以便有外在悬崖与苦海的境遇，反过来心理上会更加危险和痛苦。

而那些通达了生命实相和真谛的人看来，生命对人来说，不过短短数十年光阴，不论是成功或者失败，百年之后都化作云烟。所以没有什么好执着的，只要把握住了时机，一切顺其自然了，也就不会惧怕自己坠入痛苦的深渊了。一般人看不透，于是心中处处悬崖，想寻求解脱，却难以解脱；圣贤人虽身处苦海，而心中却是天堂，不等解脱却早已解脱。

浮名梦中蝶　幻而本非真

【原文】

身世浮名余以梦蝶视之，断不受肉眼相看。

【译文】

人世的虚浮声名，我把它当作庄周梦蝶一般，决不以世俗的眼光去看待。

【赏析】

庄周梦蝶，浮生如梦。梦总会有醒之时，屈原慨叹“众人皆醉我独醒”。不管你是蝴蝶入梦，还是你梦到蝴蝶，一切于泛泛世间不过一场虚幻而已，唯一真实的就是我们的心。可惜的是有的人一生沉迷于梦幻泡影之中，为虚名绞尽脑汁，为浮利耗尽一生，争来争去一场空。心随自己一生，却终究也不属于自己。人为外物所役使，使自己的心在非真的幻境中迷糊了一生。卢生客栈之中，一梦华胥，成就盖世功名，享受了无尽华贵，遭尽了悲欢离合，但一觉醒来，不过黄粱一梦间，终于看透功名富贵如走马灯一样，不可执着。所以，能够以庄周梦蝶的态度去看人世间的功名富贵，就不会凭添很多烦恼了。

只有百折不回　才可万变不穷

【原文】

士人有百折不回之真心，才能有万变不穷之妙用。

【译文】

一个人具有百折不挠的坚贞之志，才会有应付裕如的应变能力。

【赏析】

人们往往凡事只做了一下，遇到困难便会畏难不前，甚至索性放弃，这样必定会一事无成。如果我们知难而进，抱着一颗真诚的心灵，为自己的事业勤勉奋斗，任何困难都会迎刃而解。正如菩提祖师对悟空说的话：“世上无难事，只怕有心人。”过了难关，也就是平坦大道了。

只有经过辛辛苦苦的磨炼，才能拥有一颗百折不挠的真心；没有这颗真心，也就不会培养出千变万化的妙用。也就是说，吃得苦中苦，方为人上人。有了真诚心，变化得自由。比如那孙悟空，任你唐僧昏庸，任你八戒偷懒，任你恶魔猖狂狠毒，他却丝毫不气馁，一心保唐僧。只有历了磨难，真心才得以安宁。

实地着脚　实处立基

【原文】

立业建功，事事要从实地着脚，若少慕声闻，便成伪果；讲道修德，念念要从实处立基，若稍计功效，便落尘情。

【译文】

创立事业，建立功绩，都要脚踏实地埋头苦干，如果稍有羡慕声名的想法，便会使成果变得虚伪不实；穷究道理，修养德行，时时都要从安身立命之处着力，如果稍有计较功效的念头，便会落入世俗的尘垢。

【赏析】

世间人们最难忘记的是名利，往往醉心于名誉声望中，不能脚踏实地地做事业。即使为争名而建立了一定的功绩，终也会随时光而逝，有时还会弄巧成拙。比如南朝刘宋，文帝求功心切，盲目听信王玄谟的话，在没有充分准备的前提下便向北魏开战，梦想着恢复中原，结果却大败而逃。

所以若想建功立业，每件事要都扎扎实实地从现实入手，不能有丝毫懈怠，至于讲道修德，最重要的是为了涵养自己的道德和心性，并不是为了满足他人的眼光，也不是为了取得什么好处。若是为了他人眼光而要做一个圣贤模样，那就是很痛苦而不自然的。因为圣贤都讲究一个真字，他们的心灵是真的，感情是真的，言行是真的，所以榜样当然也是真的。他们所做的一切，都是从真实的地方入手的，是务实的，而不是务虚的。

兢兢业业心思　潇潇洒洒趣味

【原文】

学者有假兢业的心思，又要有假潇洒的趣味。

【译文】

求学的人应该既有认真对待学业的心情，又有不拘泥、不迂腐的态度。

【赏析】

对于学者而言，兢兢业业的态度固然是重要的，但兢兢业业到了紧张与苛刻的程度，就不好了。任何事情都不是绝对的是非和善恶，所以我们在兢兢业业的时候最好能绝对给自己留下一些余地，这就叫“假兢业”。“假兢业”并不是说完全放任自流，不忠诚于自己所从事的事业，而是使精神不再过度紧张，反而可以适当地激励自己，使学问和事业有所增进，这就是潇洒。当然，潇洒也不是完全逃避现实和事业，而是追求一种潇洒超脱的境界，因为躲进深山老林之中，摆脱红尘束缚，也是不易做到的。若身在山林而心趋朝市，还放不下自己的名利富贵，或者心中害怕红尘的沾染，还都是心中的不净，都会影响到对目标的追求。所以潇洒之中也应掺上一点假，使劳逸结合，既在世间又出世间，既兢业又潇洒才是生命的最佳状态。

无事时提防　有事时镇定

【原文】

无事如有事，时提防，可以弭意外之变；有事如无事，时镇定，可以消局中之危。

【译文】

在平安无事时，要有所预防，好像随时都会发生事情一般，这样才能消弭意外的变化；在发生危机时，要保持镇定，好像没有发生事情一样，这样才能化险为夷。

【赏析】

居安要思危，福祸乃相依。世间的事都是相对的，正反相成，高下相倾，成败相须。人往往在安定的时候，不能看到那未来的危急；而一旦面临危急的时候，心里却又被眼前的危机所惊怖，自然不能静下心来思考解决问题的方法。人的眼睛应该常常看到事物的相反面，才能考虑得较为周全些。没有事情时，要像有事情发生那样来提防，事情就不会发生了。因为一切都在自己意料之中，所以也就不会措手不及了，更重要的是会减少意外事故的发生。即使会出现事故，因为平常心里早有准备，所以也能像平常那样镇定自若，有条不紊地处理问题。不敢说一点漏洞也不会出现，但至少可以保证一点，在故事发展过程中，不会再出现什么大的危机。

穷通未遇局已定　老疾未到关已破

【原文】

穷通之境未遭，主持之局已定；老病之势未催，生死之关先破。求之今人，谁堪语此？

【译文】

在还未遭受贫穷或显达的境遇之时，便已确立自我生命的方向；在还未受到年老和疾病的折磨之时，便已看破生死的道理。如今世上，能和谁谈论这些呢？

【赏析】

一般人总要经过种种磨难和波折后，才能看透社会本质和生命的真相，也就是说，不到最后时刻，人们往往难以觉悟人生真谛。然而，不少的人却是不停地在犯错误，永远也不会吸取经验和教训，自己从来做不了自己的主。即使那些有悟性的人也是在经历了千难万险之后才有了这种体悟，此时也已是中年人了。

当然，若一个人如果还没有遭遇过穷困潦倒和飞黄腾达的起落悬殊境遇，就能自己给自己做主，不会因为生活艰难而灰心丧气，也不会因为春风得意而狂傲自负，那的确是很难能可贵的。只不过老疾未到而看破生死、穷通未遇而通达生命的人太少了，甚至可以说是举目四望而终无一人。

秋叶难辞枝　野鸟犹恋巢

【原文】

枝头秋叶，将落犹然恋树；檐前野鸟，除死方得离笼。人之处世，可怜如此。

【译文】

秋天树上的黄叶，即使将要落下，也仍然眷恋着枝头；屋檐下的野鸟，除非死去，否则不能离开樊笼。人生在世，就像这秋叶与野鸟一般可怜。

【赏析】

在幻灭的那一刻，才会留恋依依；在分别的那一瞬，才萋萋满别意。相聚时难别亦难，东风无力百花残。与美好相遇已经是千载难逢，与失去相别却也能让人悲痛欲绝，面对亲人的离去，悲伤在那刻涌成滔天浪。却想不到生前应多亲近、多珍惜，秋叶在即将飘落的时刻，才留恋出对枝头的那一丝牵挂。海外的游子静夜沉思，远征的良人梦回故乡，留恋处，却总是与分别相伴，人生的境遇一直如是。

野鸟一生囚于笼中，犹如人之生活。叔本华说，人生本就是在一个烧红的圆铁环上走，只有死去才会摆脱痛苦。人生本来的确如此，有太多的磕绊阻挡我们前行，怎样才能使鸟儿飞上高空，任意飞翔呢？心超然物外，洒脱自然，在世犹如出世。

刚不胜柔　偏不融圆

【原文】

舌存，常见齿亡；刚强，终不胜柔弱。户朽，未闻枢蠹；偏执，岂及乎圆融。

【译文】

舌头还在的时候，往往牙齿都已掉光，可见刚强终于胜不过柔弱。当门户已经朽败的时候，门轴却不曾为蠹虫所毁，可见偏执终于比不上圆融。

【赏析】

柔弱得生，刚强得亡。最好的例子是牙齿与舌头，牙齿极为坚刚强硬，可以咬东西，但舌头柔软，不能咬东西，但却不易受到伤害，可牙齿不是被虫蛀了就是衰落了，反正比舌头先落。舌常存而不坏，齿早落而难保。所以说遇事不在于逞强斗狠，而在于最终的胜利。门户与枢纽的关系也是如此。常见门扇早已腐朽了，那个枢纽却安然无恙。门之所以容易损坏，在于经常不活动，而枢纽不受虫蠹，在于经常活动。门先朽而枢无恙的道理，就是偏执与圆融的差别。用这个道理比喻人生，也是会有很大启发的。那些行事刚强而且偏执的人，遇事便要逞能要充当男子汉，所以常常受到攻击而伤害自己；而那些柔弱圆滑的人遇到事情便会谦让，自己便不会承担责任，反而会用智慧和小心来对待现实。不仅不会受伤，反而能得到大家帮助而渡过难关。

所以，柔弱常存而刚强早亡，圆融得人而偏执害己。

声应气求之夫　风行水上文章

【原文】

声应气求之夫，决不在于寻行数墨之士；风行水上之文，决不在于一句一字之奇。

【译文】

心意相投的好友，不必经由文字也能互相了解；自然天成的文章，不在于一字一句的奇特。

【赏析】

同声相应、同气相求的知己不需要用什么美好动听的语言。因为心意相投，不在于一两句话的美丽。对他们而言，无所不是表情达意的媒介。一个眼神或动作就能使此时无声胜有声，真心尽在不言中。我们说两个人是声应气求的知音，就等于说他们的境界很接近，可以达到共鸣的程度。

至于像“吟安一个字，拈断数茎须”似的苦吟来追求遣词造句大可不必，虽然一些千古名句不乏警字奇句，但大多有些苦涩酸楚的味道。最忌刻意去追求一字一句的奇妙，所成的文章必然有扭捏造作的姿态，终不能成为风行水上的文章，少了那份感人的真诚。

以学问摄躁　以德性融偏

【原文】

才智英敏者，宜以学问摄其躁；气节激昂者，当以德性融其偏。

【译文】

才华和智慧敏捷出众的人，最好能用学问来收摄他的浮躁之气；志气和节操过于激烈高亢的人，应当修养德性来融和他的个性偏激的地方。

【赏析】

才智聪慧、行动敏捷的人往往做事欠考虑。最容易因棋先一着而全盘皆输。因为他们自恃聪明，所以在追求学问上不肯脚踏实地学习，终因急躁而学无所成。如果他们肯努力在学问上下功夫，成就一定会比一般的人大得多。要做学问，头脑要善于思索，屁股要能坐得住，经常虚心请教那些有学问和教养的前辈，自然就不浮躁了。

有志气和节操的人，往往会用自己的观点和人格去要求别人，由于他们激昂慷慨、疾恶如仇的性格，所以对社会的看法也往往过于激烈分明。他们对社会的理解是理想和幼稚的。我们可以有志气和节操，但要通过本身的修养对人生和社会做更深一层的认识，才能缓和我们个性中过于激烈的部分，激烈不能改变任何事物，反而于己于人都不利，正所谓“牢骚太盛防肠断，风物长宜放眼量”。

居官有山林气　野处有理国才

【原文】

居轩冕之中，要有山林的气味；处林泉之下，常怀廊庙的经纶。

【译文】

在朝为官之时，须要有山间隐士般清高脱俗的志趣；在野闲居之处，应怀抱身在其位般经国治世的长才。

【赏析】

达官贵人在自己的胸臆中应该保有一点自然山林里的清洁气息。因为荣华富贵易使人迷失本心，从而沾染上许多物质的污秽和铜臭。若是名利心、富贵欲太重了，身心便不会得到自在，不仅会假公济私，危害国家，对自己人生意义的实现也很艰难。所以说，居室之人，心中常有山林之气，有利于保持心理平衡。

另外，隐居山林之人，也不应只顾自己的安宁和幸福，而要抱着众生不成佛、我誓不成佛的菩萨精神。天下大乱之际，山野林泉下之隐士高人如姜太公与张良之辈应出来拯救苍生。可以说这是能够身处林泉而心怀廊庙经纶的最好写照。

真正心理平衡的完人，就是那些身居轩冕之中，却也不失山林气息；身处山林之中，照样心怀天下苍生之人。比如范蠡，功成后隐居山林；比如诸葛亮，隐居后又挺身而出，都是隐士和仕宦者的典型。

少言语以当贵　多著述以当富

【原文】

少言语以当贵，多著述以当富；载清名以当车，咀英华以当肉。

【译文】

以少言寡语为贵，以著书立说为富；把纯洁的清名当作车，把美好的文章当作肉。

【赏析】

历史上许多诗人、文学家并没有流传下多少作品，但往往一首作品就会使他们万世流芳。谢灵运的诗文不少，但影响我们最深的还是那一句“池塘生春草”。我们写文章，感受亦如此，当自己不会写文章时，总是要长篇大论地议论说明一番，唯恐对方不懂；等到自己真正明白之后，文章语言也会少而精，能够做到辞达了。

文章若能字字珠玑，那作者可真是精神上的亿万富翁了。就不会像李白那样去喊什么“吟诗作赋北窗里，万言不值一杯水”了！拥有一世清名，比拥有豪华的车子更为可贵。自古人才出清贫，从来浊富养蠢货，所以少沾英华，多积清名乃养生、处世之道。

须负刚肠　当坚苦志

【原文】

要做男子，须负刚肠；欲学古人，当坚苦志。

【译文】

要做个真正的大丈夫，必须有一副刚毅不阿的心肠；想要学习古人，应当坚定吃苦耐劳的志向。

【赏析】

一个男子汉要有刚正不阿之气概，要路见不平、拔刀相助，能给人依靠和力量。在人们眼里，真正的男子汉应当如此。但许多男子汉却做不到这一点，刚则易摧，柔则永存，其实真正的男子汉应该是外柔内刚之人。一味刚强，不过是个莽夫罢了。男子汉要守节持礼，不可机械呆板，死守原则。个性要柔，骨气要刚是当今社会对男子汉的新要求。因为社会越来越复杂，太过刚正不阿无异于取祸之道，个性不妨柔软一点，反而会更加让人佩服。

若想成为一个圣贤，就必须学习古人，古人讲求的正是节操之道。这对许多当代人而言，似乎很难做到，大部分现代人都认为像古人那样太辛苦了。他们十年寒窗，充实自己的心灵世界，却安贫乐道，我们现在物质生活丰富，却很难耐得住寂寞，但为了社会的安定和进步，我们又不得不去向古人学习，充实我们的精神世界。这就要看我们有无勇气去改变自己的价值尺度了。

清贫自乐　美色成空

【原文】

荷钱榆荚，飞来都作青蚨；柔玉温香，观想可成白骨。

【译文】

荷叶和榆荚，就是我囊中的金钱；柔美的女子，想来不过是白骨一堆。

【赏析】

红楼梦《好了歌》这样唱道："世人都晓神仙好，只有金银忘不了；终朝只恨聚无多，及到多时眼闭了。""世人都晓神仙好，只有姣妻忘不了，君生日日说恩情，君死又随人去了。"歌词是在教人们看破红尘，不要因清贫、美色而使自己心里缠乱挂牵。人生一世，不过几十年光阴，处清贫不知自乐，贪美色纵欲无度，在忧愁中慨叹光阴流逝，在昏噩中挥霍似水年华，到头来，财富成空，美人迟暮，追求了一生，耗费了一生，全都是一场虚无。多少如花少女变成白发苍颜；多少金山玉垒移作他人家资。虽身处清贫，但荷叶和榆荚一样可以当金钱，因为精神财富才是真正的财富，而金钱物质不过是虚幻泡影罢了；虽手牵美人，无异于坐拥白骨，再靓丽的面容终究会成为朽骨一堆。世人又何必执着于泡影、白骨而深陷其中不自拔呢？

烦恼场空空　营求念绝绝

【原文】

烦恼场空，身住清凉世界；营求念绝，心归自在乾坤。

【译文】

将烦恼的红尘看破了，此身便能安住清凉无比的世界；营营以求的念头断绝了，此心便能在天地间获得自由。

【赏析】

若做到心处清凉世界，心归自在乾坤的境界，委实不易。世间本无事，庸人自扰之。人在世上，求名逐利，混迹于名利场，计较于关系网，每日忧心忡忡，担心生意清冷，害怕一世无名，诸多烦恼事，只有一醉方能解千愁。李白讲述烦恼时，曾有诗曰：“白发三千丈，缘愁似个长。”“抽刀断水水更流，举杯销愁愁更愁。”自古至今，烦恼伴随人们生生世世。真正没有烦恼之人，恐怕是那山中之高僧，深林之大隐。去掉烦恼其实很简单，就是营求念绝，做到无欲无求，只有如此，才能烦恼尽消。虽然李白一代诗仙，但他空怀一身抱负，所以也是醉了一生，烦恼了一生。烦恼不因人之地位、名声而有所增减，只因人的心性转移，欲多则多，欲少则少。

斜阳树下谈禅　深雪堂中论人

【原文】

斜阳树下，闲随老衲清谭；深雪堂中，戏与骚人白战。

【译文】

斜阳夕照时，闲适地和老和尚在树下谈论佛理；在下着大雪的日子里，与诗人文士们在厅堂中作诗取乐。

【赏析】

斜阳古树，数点寒鸦，与高僧论坐，谈万法周天。深雪寒风，围炉火与雅士谈论，道千古风流。这样的生活场景委实惬意，万千烦恼一朝尽，新酒添箸尽兴人。但事实上，这样的场景易设，但意境难达。茫茫人海，凡尘俗世，真正能有这份心境的人又有几个？大家皆为世间碌碌之人，奔波劳累，追名逐利，真正能体味到世外之意、超凡之味的，恐怕也就只有庙里高僧、山中隐士了罢。若于凡尘之中，日思雅趣，喜道佛禅，恐怕有不务正业之嫌。虽然佛禅之事，文雅之意，有益于心灵，但追求于此，不务生计就会遭到亲朋的反对。因为众人皆醉我独醒，劝世间人少一些攀比，少一些虚荣，多一份真心，多一份感悟，心就会澄明如镜，人也会神清气爽。

宁为真士夫　不为假道学

【原文】

宁为真士夫，不为假道学；宁为兰摧玉折，不作萧敷艾荣。

【译文】

宁愿做一个真正的读书人，也不做一个伪装有道德学问的人；宁愿像兰草一般摧折、美玉一般粉碎，也不要像贱草萧艾般茂盛。

【赏析】

人贵在真实，真实就要有真性情。拥有真性情的知识分子，承担着匡扶社会正义，鞭挞人生丑恶和虚伪的义务，这样的人，才是真正道德学问的化身，值得人们尊敬。正因为如此，有些人便伪装着有道德和学问的样子，渴望获得别人的尊敬和赞誉，“假道学”害人，人所共知。因为假的本身就是矫揉造作，是一种对生活真实的违背。所谓道学，也就是道统之学，主要指儒家学说，儒家学说本来是保证社会秩序正常运转的。这本身没什么不对的，但到了后来，尤其是宋明时代，理学高度发展，完全淹灭了人的个性和本质，以至于提出了“存天理，灭人欲”的口号。对人性的禁锢达到了极端，这就是所谓的“假道学”。它对人类是反动的，造成了极大的危害。我们要活得真实，不仅对他人要负责，对于自己更要负责。负责的根本一条，就是要尊重生活的真实，不要违背社会和生命的规律。

觑破兴衰得失灭　阅尽荣枯心肠冷

【原文】

觑破兴衰究竟，人我得失冰消；阅尽寂寞繁华，豪杰心肠灰冷。

【译文】

看破了人世兴衰最后的结果，就能使种种得失之心如冰块一般消融；看尽了冷清寂寞和奢侈繁华的情景，便使要成为英雄豪杰的心肠如灰一般冷却。

【赏析】

盛极必衰，衰极有兴。事物总是相互转化的，好易变坏，坏易变好。因此，见兴而知衰，见得而知失。明白这一点，许多事情也就可以看得开了。我们兴盛之时，别人正处衰落之时；别人兴盛时，我们正处衰落之时，为了避免遗憾和消沉，最好是不要有那种兴盛时的得意与猖狂，人若想得到长久兴盛不衰的地位，就不要有别人与自我、兴盛与衰败的分别，不要人为地造成我与社会以及大众的对立。

纵观人生，热闹与繁华如昙花一现，而寂寞与萧瑟却是真实而长久的。桃花千树斗芳艳，却是春景短暂，便要进入寂寞之中。一般人总是喜欢繁华热闹，害怕寂寞萧条，但是“无可奈何花落去”，所有繁华都将归于寂寞，明白此理的话，对于繁华与热闹就不再过度地执着与渴望了，对于生活的方式也能抱着平实而客观的态度了。

名山不乏侣　好景有好诗

【原文】

名山乏侣，不解壁上芒鞋；好景无诗，虚怀囊中锦字。

【译文】

山水名胜，如果缺少知心伴侣同游，就不如任草鞋挂在墙壁上不想拿下来穿；面对美景，却无法写出一首好诗，就算带着锦囊也是徒然。

【赏析】

人生最主要的追求便是心灵的满足，而有没有情趣又决定了那一大半的感受。人对金钱的欲望是难以满足的，而情趣却是可以享受的。有人喜好风景名胜，就复归于自然，常常会流连忘返。但若没有好友同游，便总觉有所缺憾，因为人的感情需要共鸣，有喜悦就需要有人分享，有痛苦便需要有人分担。人们可以耐得住寂寞，但也须有真正的知音，有知音，面对自然的美丽，便可以相互和诗，以诗言志，彼此欣赏。对于诗人而言，面对美景而无诗的话，有好诗而无人欣赏的话，实在是空背着一副锦囊，空有一副诗人心肠了。所以游名山一定要有佳侣，赏美景，必须要有佳诗。

一技天下　吃遍南北

【原文】

是技皆可成名天下，惟无技之人最苦；片技即足自立天下，惟多技之人最劳。

【译文】

只要有专门的技艺，就可在世上建立声名；唯有那无一技之长的人活得痛苦。只要专精一种技艺，便足以自食其力立足世上；但是技艺太多反而活得辛劳。

【赏析】

人常说“行行出状元”，只要能够在某一方面用功专一，精通熟练，都足以名闻天下。最痛苦的是那些没有本事而且老实的人，失业没有活干，又不能去捣鬼行骗，便只能在家里挨饿。没有技艺的人痛苦，那么技艺多的能人又如何呢？其实，只要有一样本事是人们所需的也就行了。情和爱可以只属于两个人，但食物却是人人都需要的。所以哪怕是只会打大饼，也就可以自立于天下了。

但还有句话“能者多劳”，就是有的人不仅会做这个，还会做那个。诸葛亮本事大、本领多，别人做的他都不满意，不放心。所以他什么都干，所以事必躬亲。因此，自然他是最劳苦的了，只能鞠躬尽瘁，死而后已。所以，一技天下足矣，技能多了反而活得辛苦。

才士不妨泛驾　诤臣岂合模棱

【原文】

着屐登山，翠微中独逢老衲；乘桴浮海，雪浪里群傍闲鸥。才士不妨泛驾，辕下驹吾弗愿也；诤臣岂合模棱，殿上虎君无尤焉。

【译文】

穿着草鞋登山，在青翠的山色中独自遇见了老和尚；乘着木筏漂海，雪白的浪花里伴随着成群的海鸥。有才能的人，不妨到山巅海涯去过日子吧，像车辕下面驹马那般拘束的生活，实在不是我心所愿啊！作为一个直言进谏的臣子，怎能说一些模棱两可的话呢？坐在殿上像老虎一般威猛的君主，难道不会生气吗？

【赏析】

穿登山履前去登山，目的是寻求自由，感受一番心旷神怡，体味一次山情野趣。于青翠山中独见老僧，相逢一席话，点破红尘幻梦，使自己顿觉襟怀大开，仿如醍醐灌顶一般；或者乘一桴槎，泛舟大海，看雪浪汹涌，舟船颠波，群鸥飞舞，悠闲自在，傍落船头，与人友善而无畏惧，真是鸥鹭忘机而心无争，潇洒自然而俗念顿消，那是何等境界啊！何必非要在朝为官，局促得像那辕下被拴套的马驹一般施展不开自己的才华呢？如果真是忠君爱国，作为诤臣说话就不能模棱两可，应该傥言直谏。即使君主如虎，也要敢犯虎颜，冒死尽忠，才是人臣之道。

宁为薄幸狂夫　不作厚颜君子

【原文】

吟诗劣于讲书，骂座恶于足恭。两而揆之，宁为薄幸狂夫，不作厚颜君子。

【译文】

讲解书中的道理好像比吟诗更容易令人有所得益，座上对人破口大骂当然比过分恭敬要坏得多。然而，两相比较之下，宁愿做个轻薄狂放的人，也不要做个厚脸皮的君子。

【赏析】

薄幸狂夫虽然为人不齿，但至少表达的是真情实感，讲的是真话，比起那些心如蛇蝎、表面恭敬之辈要强。对于前者，人们不过说他们是狂夫而已；而于后者，人们却难以发现其劣迹，对人而言是最危险的。因为狂夫心是正直的，而伪君子心是伪善的，一颗正直善良的心让人感到安全，而一颗虚伪之心随时都潜伏着危险。

所以面对社会诸现象，面对各色人等，宁愿吟诗和骂座，也不愿做个没有思想的应声虫、厚颜无耻的伪君子！李白“安能摧眉折腰事权贵，使我不得开心颜”已经震撼人心，就连那个温柔敦厚的杜甫也会“野人旷滞无腆颜，岂可久在王侯间”。可见厚颜无耻是与实现人生意义和价值完全矛盾的。

看尽人间鬼　才作北风图

【原文】

魑魅满前，笑著阮家无鬼论；炎嚣阅世，愁披刘氏北风图。气夺山川，色结烟霞。

【译文】

眼前尽是青面獠牙、阴险狡诈的恶鬼，而阮瞻却含笑自若挥笔著作《无鬼论》；看着这喧喧攘攘争逐不已的尘世，不禁满怀忧愁地披览刘褒的《北风图》。气势盖过了山川，墨色纠结了烟霞。

【赏析】

大千世界，芸芸众生，一般人只顾自己生活怎么样，从来不去考虑他人怎么样，所以叫作凡夫俗子。而先觉、先知则不一样，他们像屈原一样，“众人皆醉我独醒”，总是身先士卒，敢为天下先。他们把真理讲给大家，让大家明白事理，当每个人都心如明镜，行事光明正大的时候，便是美丽的人间。所以，即使魑魅出现在面前，也不会心生恐惧。所以阮瞻是一代贤人，他在封建迷信的时代宣扬《无鬼论》。他是个先知先觉，因为他看尽了世间百态，魑魅鬼怪。

刘褒曾画过一幅《北风图》，十分逼真，所以观者都忍不住生出寒冷的感觉。如果一个人贪恋世俗红尘，对诸事迷茫，不能看透，那就不妨看一下《北风图》，或许能浇灭心头烈焰，洗涤一下尘垢和污染，让自己得到一些清凉！

至音不合众听　至宝不同众好

【原文】

至音不合众听，故伯牙绝弦；至宝不同众好，故卞和泣玉。

【译文】

格调太高的音乐很难让众人接受，所以，伯牙在钟子期死后便不再弹琴；最为珍贵的宝物很难让众人赏识，因此，卞和才会抱着璞玉在荆山之下哭泣。

【赏析】

爱美之心人皆有之，可是太美好的事物，众人却又往往难以认识；最珍贵的东西、最伟大的人格，也都是众人不易了解的，容易出现曲高和寡的现象。凡夫俗子们所看惯的东西都是一般意义上贵重的事物，比如金钱等，真宝贝人们却不认识，你强要指示给他们，反而会遭到斥笑和围攻，叫作"隋珠投暗，反招猜疑。"所以，《老子》中说："大音希声，大象无形。"钟子期有一双音乐的耳朵，所以能够鉴赏美妙的音乐旋律，因而成为伯牙的知音。伯牙之所以绝弦，是因为像钟子期那样的知音再也难以寻觅到了。卞和的璞玉天下无双，但当它还没有被雕凿出来的时候，谁也不会去理睬的。就像我们的心，它比和氏璧要珍贵无数倍，但却又有多少人能够真正地去认识并体会呢？不要说别人的心了，就是我们的心灵，我们又曾经花费过多少工夫去省视呢！

梦中说真话　或可是真人

【原文】

世人白昼寐语，苟能寐中作白昼语，可谓常惺惺矣。

【译文】

世上的人白日里尽讲些梦话，倘能在睡梦中讲些清醒的话，这人可说能常常保持觉醒的状态了。

【赏析】

照弗洛伊德的解释，梦是愿望的达成。就是说，一个人在白天或者意志当中实现不了的愿望，因为精神负担太重，就会造成痛苦。所以，主宰意识的潜意识就会站出来，通过梦想，曲折地满足自己的愿望，以使解脱压力。所以梦境，往往是自己心中真实的想法。而白天一个人由于各种原因、各种压力、各种关系需要处理，不得不伪装自己，所以白天的话往往不是真情实意的表达。但一个人如果白天也说梦话，活在梦中，是因为他本身头脑不清楚，说的是糊涂话；也可能是故意伪装糊涂，韬光养晦之道。不管是伪装还是真实，只要听其梦中话，若梦中依然糊涂，则此人实为糊涂之人；若白天糊涂梦中清晰，那么就是个十分精明的人了。

胸无火炙冰兢　时有月到风来

【原文】

拨开世上尘氛，胸中自无火炙冰兢；消却心中鄙吝，眼前时有月到风来。

【译文】

如能排除尘世的纷扰，心中就不会像火炙一般焦灼渴望，也不会如履薄冰一般恐惧不安；除去心中的卑鄙吝啬，便可以感受到如同清风明月一般的心境。

【赏析】

世态炎凉，得意与失意之间的落差，一般人承受不了，是因为得失心太重。如果得不到所要的，心中的渴望就会像火一样备受煎熬；如果失去了机会，又仿佛掉落在万丈冰谷中一般寒冷。一会儿寒冷，一会儿煎熬，心儿随着外境转，永远不会有安详时刻。

为了得到安歇，不要把外在的境界放在心上，拨开那尘世的名缠利索，抛却了诸般纷扰，胸中的火焰自然就会消灭，而冰冻也自然溶解，心灵又会恢复到天真的灵性，便能活得安然自在了。明月清风不用一钱买，随君处处开心又自在。我们每人心中也同样有一片清风和一轮明月，那就是最清明的本性所在。可惜，因为我们心中怀有卑鄙吝啬，心扉打不开，生怕别人占了我们的便宜，自己胸中先有了荆棘，所以就很难发现自然和我们自己心中的美好。当然会感到痛苦与艰难。因为，我们的心被乌云遮掩，也就见不到这无处不在的明月和清风了。

草舍才子登玉堂　蓬门佳人造金屋

【原文】

才子安心草舍者，足登玉堂；佳人适意蓬门者，堪贮金屋。

【译文】

有才能的读书人，若能安居茅草搭成的屋中，那他就足以担任朝廷命官。美丽的女子能不嫌贫爱富，肯嫁到穷家，那她就值得令人为之建造金屋。

【赏析】

如果一个才子能够安心于简陋茅舍之中，不贪婪于富贵名利，那么来日肯定会足登金銮宝殿，成就一番大事业的。诸葛亮卧茅庐而胸怀天下，不贪婪于富贵，不汲汲于名利，所以才成为千古名相。张良才盖天下，且义气高尚，所以成为帝王之师。因为他们当官的目的，不是为了一己私利，而是为了天下苍生。

在封建社会，女子的美丽正是她们得到归宿和幸福的本钱，所以她们往往会恃着自己的美丽而有骄傲之心。但美貌并非能够保持一生，所以凡是以美貌被人所取的，也一定会因为美貌的消失而被人所遗弃。可见，这美丽并不是一个女人获得成功的唯一条件，在现在的社会里就更是这样了。如果一个女子不计较贫富，肯下嫁贫寒工人，愿与之同甘共苦，可以说这样的女子是内外皆美的女子。这样的女子，一旦助夫兴大业，那么丈夫在业成后也应该为其建金屋。

传话者轻　好议者浅

【原文】

喜传语者，不可与语；好议事者，不可图事。

【译文】

喜欢把听到的话到处传说的人，最好少和他讲话；一天到晚喜好议论事情的人，不要和他一起策划事情。

【赏析】

有些喜欢传播话语的人，或是出于自己的某种习惯，或是好奇或者是无聊，出发点尽管不一样，但有一点是可以肯定的：他们都不会保守住秘密。如果我们要推心置腹地与之交谈，那么他一定把你所言之事传播给别人。与这样的人谈话百害而无一利，是不能和这种人谈心中的话的。

生活中还有一种人，他们主意最多，对什么事都要发表一番高论。一个人喜欢谈论事情，而谈论的目的，只是要引起人们的好评或者青睐而已，没有任何实际意义，所以交友一定要“慎重”。

不留昨日之非　不执今日之是

【原文】

昨日之非不可留，留之则根烬复萌，而尘情终累乎理趣；今日之是不可执，执之则渣滓未化，而理趣反转为欲根。

【译文】

过去犯下的错误不可留下一点，否则会使已改的错误再度萌生，这就因俗情而使理想趣味受到连累了；今日认为正确的事物不可太执着，否则就是未得理趣之神髓，反而使理趣转变成欲望的根苗。

【赏析】

一个人认识到了错误，就坚决不能把错误留在自己的心里到明天，要彻底纠正。因为错误一留下来，就可能死灰复燃，偶尔想起来仍然会给我们的心灵带来牵挂，影响到自然真趣的领略。陶公自从归隐之后，再也没出来做官，因为他厌恶官场的奴役和险恶，追求的是自然真趣。对于昨日之非不再留恋，因此有诗云：“结庐在人境，而无车马喧。问君何能尔，心远地自偏！”

当然，陶渊明如果再执着于自己今日之是的话，也仍然会有烦恼。因为是与非都是相对的，有了是，非仍然存留着。是非之心不去，世俗之念就断不了，便会有渣滓产生。稍有风吹草动，心中就会生起欲望，尽管尘网留恋断了，但却执着于自然中的山水和潇洒，同样是一种世俗的行为。要想得到真正的自由，就必须断除任何是非和执着的心念。

应沉潜平实　勿哗众取宠

【原文】

炫奇之疾，医以平易；英发之疾，医以深沉；阔大之疾，医以充实。

【译文】

好以奇特炫耀于人的毛病，要用简易平实来医治；好把才智表现在外的毛病，要用深刻沉潜来矫正；言行迂阔、大而无当的毛病，要以充实的内涵来改变。

【赏析】

生活之中，有喜欢玄妙之人，有注重义气之人。某些时候，这些类型的人会给我们带来欢乐、开心和启发，但若偏执于一边，却不免是个毛病了。玄奇之人只注重那些奇怪神秘的东西，为人处世也是如此。所以，人们不敢与之接触太深，因为不知道他们到底有什么真正的东西。治疗这样的疾病，最好的药方是“平易”二字。凡事讲究平实浅易，不尚空谈，多做点实际事情，也就不会为追求玄奇之人而奇怪了。

有才之人，如锥处囊中，自然会脱颖而出。所以他们在平常生活和与人交往中会英姿勃发，但锋芒毕露，却又容易伤着他人，而自己却还不自觉。渐渐地人们就会疏远自己，以至于被孤立起来。还有凡事讲究排场之人，往往内在不够充实，因而容易疏于肤浅之见。这样的疾病，应该用深刻沉稳的药方，一旦能够做到深沉厚重，就不致铸成大错。

尘心减时　道念方生

【原文】

人常想病时，则尘心便减；人常想死时，则道念自生。

【译文】

人常常想到生病的时候，许多的尘劳欲望就会一扫而空；人常常想到死亡的时候，则追求真实而永恒的念头便自然而生。

【赏析】

生、老、病、死虽然是规律，但人们却不愿意承担。平日里，人们悠哉地过着生活，根本不愿意去想那些痛苦的事情，但这又常是无法避免的。人在年轻力壮的时候忌讳说病。因为一说到“病”，他们会联想到自己有朝一日会得病，而得病是痛苦的。当人真的得了一场病后，才认识到生命的有限性。对于一般人而言，如果在尘世种种欲望中“奋不顾身”的时候能够想到生病时万念俱灰的情状，心中的欲火也许会得以减轻。

至于说到“道念”，就是指修道、悟道而追求生命真谛，从而达到永恒的念头。人们也只有在把道路走到尽头而面对死亡的时候，才会感到生命的虚幻无常，才会反思自己从何处来到何处去。非要等真正死亡的时候，有的人才会这样去思考，而大多数人却是在连想也来不及想的时候，就已经灰飞烟灭了。如果常常思考生命与死亡的问题，也就不会有什么贪婪与执着了，道念便自然而然地产生了。

恩爱富贵时　自思反省日

【原文】

恩爱吾之仇也，富贵身之累也。

【译文】

恩情蜜爱是我的仇敌，富贵荣华足以拖累身心。

【赏析】

恩爱无益，而且容易使人迷失方向。千古奇才李商隐，因为对情人的热恋，于是有了“庄生晓梦迷蝴蝶，望帝春心托杜鹃”的感受，陷入情爱之中而不能自拔，最后只能落得个“此情可待成追忆，只是当时已惘然”。从这个角度而言，恩爱的确是我们的仇人，生活中这样的例子太多了。也许你的爱人叨扰你一生，要你去牵挂、去照顾、去思念，去恩恩怨怨、吵吵闹闹，耽搁自己的精力，也许他们本身就是我们上一辈子的仇人。

再看那为了功名和荣华富贵，不惜损害自己生命的人们，一生碌碌却被人利用。唐太宗看着天下士人皆走进自己考场时，高兴地说道：“天下英才皆入吾彀中矣！”可见，我们所积极追求的功名富贵，正是让我们踏进牢笼的诱饵。我们为什么还要对“牢笼”如此执迷不悟呢？

得闲有书读　世间享清福

【原文】

人生有书可读，有暇得读，有资能读，又涵养之如不识字人，是谓善读书者。享世间清福，未有过于此也。

【译文】

人生在世，若能有书可读，又能有空闲的时间读书，同时又不缺钱买书，虽然读了许多书，却自我修养得丝毫不被书本所拘限，就可说是善于读书的人了。能享世间清闲之福的，恐怕没有超过这个的了。

【赏析】

真正有闲、有书、有钱的人应该是很幸福的，但必须做到一点，就是把学到的知识加以消化，存放到自己的脑海中。对于不识字的人来说，书就不是书；对于识字的人来说，书就是书。把书当书，把字当字之人，也许走不进书中，只停留在文字的表面。只有超越了文字的限制，才能真正走进书中所描绘的世界或所塑造的意象当中去，就是这里所言“如不识字之人”的感觉。能够达到这个境界才算作真正的读书。有的人是为了修养和完善自身才读书，有的人是为了消遣而打发寂寞和无聊才读书，有的人是为了猎奇和满足欲望才读书。然而有的书可以让我们达到目的，有的书也并不见得能够做到。而书籍本身的使命就应该帮助人们生存得更好，读了才会有一种享清福的味道。在现在社会里，读各样书是好事，但也应有所选择和慎重。

古人是非分明　今人真伪难辨

【原文】

古之人，如陈玉石于市肆，瑕瑜不掩；今之人，如货古玩于时贾，真伪难知。

【译文】

古代的人，就好像陈列在市场之中的玉石，无论过失或美德都不加以掩饰。现代的人，就好像向商人买来的古玩，是真是假就很难得知。

【赏析】

古代的人心性纯朴、民风端正，因而人们常慨叹世风日下、人心不古。客观而言，在远古时期，由于人们生活较少受到物质利益影响，因而人们受到的诱惑和欲望都很少，就像陈列于市场店铺中的玉石一样，无论过失或美德都不加以掩饰。

随着社会日益发展，现代人受物质利益驱动，心思变得十分灵巧，懂得了虚伪掩饰。就像从商人手里买来的古玩，真假难辨。社会的物质越丰富，诱惑越多，利益争夺就越多，世人就会把自己掩盖在伪装下。人和人的交易成本就会加大。这也是社会发展的必然，我们亦不能视为洪水猛兽。但是，无论世风如何变化，一个人都应固守做人准则，这样整个社会才能健康发展。

己情不可纵　人情不可拂

【原文】

己情不可纵，当用逆之法制之，其道在一忍字；
人情不可拂，当用顺之分法制之，其道在一恕字。

【译文】

本身的情念欲望不可放纵，应当自我克制，主要的方法就在于一个“忍”字；他人所要求的事情有时不可拂逆，应当顺其愿望，主要的方法就在于一个“恕”字。

【赏析】

“己所不欲，勿施于人。”自古人人都是对自己宽恕，而对别人严格。这样不但使自己德行大减，而且还会在人际关系中处于孤立之境。一个人若想在社会中游刃有余，成就一番事业，就要严于律己，学会自我克制，用一“忍”字压抑限制自己的情念欲望。人的欲望是无限的，稍不注意，就会纵欲无度。古来多少英雄豪杰，都是毁在了放纵情欲上，叫“英雄难过美人关”。李自成宠爱陈圆圆，吴三桂“冲冠一怒为红颜”，导致农民大起义失败。欲望人皆有之，如果放纵自己的欲望，必然会伤害别人的欲望，这样彼此之间就会造成困扰。只有在事情上体谅别人，诸事以“让”为主，内心本着一“恕”道，才能团结别人，获得他人的尊重。如果对别人的要求一概无视，那么伤害的不只是别人，更会伤害了自己，因为人的尊重和满足感都是来源于他人。

天不禁人闲　人自不肯闲

【原文】

人言天不禁人富贵，而禁人清闲，人自不闲耳。若能随遇而安，不图将来，不追既往，不蔽目前，何不清闲之有？

【译文】

有人说，老天不禁止人富贵荣达，却禁止人过得清闲自在。其实，只是人自己不肯清闲下来罢了。如果能安于所处的环境，不图谋将来，不追悔过去，也不被眼前的事物所蒙蔽，那么，哪有不清闲的道理呢？

【赏析】

人生在世，清闲最难得。时间和金钱都是财富，但是二者却是此消彼长的关系。在经济学里，收入和闲暇是矛盾的两面，是相关递减的函数关系，但多数人宁愿忙忙碌碌去追求金钱，很少有人愿意闲下来安享生活，过一过清闲自在的日子。所谓的“富贵闲人”不过是有钱人家的公子哥儿，吃着父母的，享着父母福，任意挥霍，东游西逛，不勤于生计。《红楼梦》里贾宝玉也算是个富贵闲人了。但贾府衰败后，他的命运一样悲惨，虽然给他安排了登科和出家的结果，但由于他们很多人只依靠俸禄生活，所以一旦皇恩取消，便举家困顿。其实，天道酬勤，太过于清闲了，反而会使自己志向丧失，动力减少，也就是玩物丧志。虽然，深山樵夫，江渚渔人，表面看起来清闲自在，安知其内心没有压抑、痛苦？有志向并为此忙碌奋斗是上天赐给人的优点，我们不能把这看成累赘，而应不断磨励自己，让自己去奋斗，在奋斗中体验快乐。

浮云有常情　流水意厚深

【原文】

观世态之极幻，则浮云转有常情；咀世味之昏空，则流水反多浓旨。

【译文】

观看世间种种情态虽然变幻无常，但天上的浮云反而比人情世态有常情可循；咀嚼世间滋味昏昧空洞，倒不如潺潺流水更具有深厚的意味。

【赏析】

浮云变幻莫测，世间沧海桑田，世事多变，人情多变。人们为了追逐声色名利，宁肯忘恩负义，颠倒黑白，指鹿为马，为声名权利不惜残害身体，杀亲灭子。比如春秋时的易牙居然用自己的儿子做食物献给桓公，而竖刁宁愿残害自己的身体，化作太监，进宫服侍。后来，他们又把桓公活活饿死。他们的目的只有利益，眼中也只有利益，所谓“天下熙熙，皆为利来；天下攘攘，皆为利往”，所以生活单调空洞，等到真正追求到了那些功名利禄后才会发觉，原来一切只是一场空。自己辛苦一生，背恩弃义，结果什么都没得到。看那潺潺流水随方就圆，顺其自然，更懂得生命的真实所在。对生活要求简单了，对名利就不那么执着了，那人生也会如流水一般顺畅自然了。

贫士立德　闹场静心

【原文】

贫士肯济人，才是性天中惠泽；闹场能笃学，方为心地上功夫。

【译文】

贫穷的人肯帮助他人，才是天性中的仁惠与德泽；在喧闹的环境中仍能笃实学习，才算是在心境上的功夫。

【赏析】

人的品质与禀性都是在具体的环境中得到流露和接受考验的。同样是贫穷的人，有的人是身贫而心不贫，有的人是身贫心也贫。在那富人之中，有的人是身富心也富；也有的人是身富心反贫；有的富人一掷千金，施舍寺院，周济穷人，为的是沽名钓誉；而有的穷人虽然一贫如洗，但他有一颗施舍之心，哪怕是一粥一饭，也重千金；因为对于富人来说，周济施舍给穷人的东西，最多是九牛一毛的东西；而那些穷人，他们所周济的尽管只有一点，但也许就是他自己的多半或全部财产了。所以物质上的匮乏并不能否定一个人心灵上的富足，因为他有一颗高贵而富足的心。

人要想看清自己的真实面目，就必须选择在心灵宁静的时候。但是，我们的环境充满了喧嚣，人们都在追求着狂欢和热闹，而我们要想不为所动也是很难的。我们必须在喧闹的场合中把持自己，沉静而笃实地去求学读书。当我们真正进入读书的境界时，外面的喧嚣都已不复存在。

心生一切　心灭一切

【原文】

了心自了事，犹根拔而草不生；逃世不逃名，似膻存而蚋还集。

【译文】

能了却心中之念，事便自行了却，就像把根拔掉了，草就不再生长一样；虽然逃离尘世隐居山林，但内心仍对声名念念不忘，就像未将腥膻气味完全除去，还会招惹蚁蝇一样。

【赏析】

心生种种法生，心灭种种法灭。人世间的一切都是由心念中生起的，也是由心念中消灭的，心念若不生，那也就没有什么事物要灭了。因此，好多事情之所以还没有了结就是因为我们自己心中还在留恋眷顾，依依不舍。若是能够彻底去掉心里牵挂，也就没有什么事情不能解决了。

名声并不一定是坏事，是一个人有能力的证明。但一个人要执着于名声就不好了，追求名声也许能够满足一时的荣誉感，但到后来却会给自己套上一条无形的枷锁。如果要彻底摆脱这条枷锁和因之而来的烦恼，那就得逃名。古人为了逃名，便开始逃离世界而进入山林。名人居住于山林，俗人便会寻到山林，名声不去，依然会有世间的烦扰。所以逃世不如逃名。

才鬼胜于顽仙　芳魂毒于虐祟

【原文】

风流得意，则才鬼独胜顽仙；孽债为烦，则芳魂毒于虐祟。

【译文】

论举止潇洒风雅浪漫之情趣，有才气的鬼尤胜冥顽之仙；就情债之为孽障而言，美女却比恶鬼还要厉害。

【赏析】

顽仙就是冥顽不灵的神仙，并非所有神仙都风流潇洒。有的是从厚道做上去的；有的是被人拖上去的；有的是后辈积德拔他上去的。他们不知道快乐的原因，只知道享受。如果不是神仙，是一个有才华的鬼，也会风流潇洒活得痛快。人生存的意义不仅在于生存时间的长久，更在于生存的质量。当然，能在人间做一个才子，却是最最理想的了！很多文人俗气无聊，毫无真性可言，比起那率性而动的山峰渔樵还不如，而真正能体会到生活幸福的人，的确是很少见的。

那些美丽动人的美女芳魂，一旦缠住了人，会让你神魂颠倒，心不自守，欲罢不能。不仅摆脱不了，自己内心却还总是要牵挂难舍，时不时从心底泛上岸来。魔鬼们发现了其中的奥秘，所以都打扮成美女芳魂前来骚扰，我们不仅不会拒绝，反而张臂欢迎，于是《聊斋》里所出现的几乎都成了美丽善良之鬼。所以，小鬼呈鬼形，容易被人识破，大鬼变美女，反倒易作祟，钟情之人不得不防啊！

自悟了了　自得休休

【原文】

事理因人言而悟者，有悟还有迷，总不如自悟之了了；意兴从外境而得者，有得还有失，总不如自得之休休。

【译文】

若因他人的话而领悟事情的道理，将来还会迷惑，总不如亲身领悟来得清楚分明；由外界环境而产生的意趣和兴味，将来还会失去，总不如自得于心而感到真正的快乐。

【赏析】

凡是听别人言语而觉悟的，总不如自己心领神会亲自证实得牢靠。因为语言与文字可以传达出经验的结论，却无法传达出感受的本身。他人的经验和体会尽管描写得十分动听，即使一下子可能触及自己的心弦，从而明白了事情的道理。但对自己而言，还只是隔靴搔痒而已，所以悟就要求大家自己去体味。

意兴就是一个人在社会生活中抱持的意趣和兴致。文人要有雅趣和诗兴。隐志要有野趣和意兴。而这些意兴都必须是自然流露出的方好，若是由外在环境条件而得到的，等环境变迁时，意兴就随之消失了。而由自己的天性所培养和流露出来的意兴，那是永远也不会失去的。天性开朗的人，无论在什么时候都会以一种乐观的态度去对待生活；天性抑郁的人，在快乐的环境里都会愁眉不展。

简淡出豪杰　忠孝成神仙

【原文】

豪杰向简淡中求，神仙从忠孝上起。

【译文】

才智出众的人，要从简朴平淡中寻求；要成为神仙，先从忠孝二字上做起。

【赏析】

一个人之所以能成为豪杰，总是要经历千辛万苦才能创出一番功业来。“梅花香自苦寒来”，君子应有所为，有所不为，有所不为，才会有所作为。豪杰是在艰难困苦中磨炼出来的，没有吃苦耐劳的精神，也就没有英雄业绩的实现；没有对舒适生活的追求，也就不会有对事业不懈的努力。要想做豪杰，先须学习简淡！

孝是人类与动物区别的标志。所有动物都是老的对少的好，而少的却从没有对老的好的习惯，因为人类有意识，所以人类的老者需要保护，需要下一代的孝敬。天下人都能行孝敬老，也就没有孤苦伶仃的老人了。懂得忠孝而且去实行的人就是真正的人，否则就连禽兽也不如了。能够做一个真正的人，那么死后便能上天为仙，或者修炼而成仙佛，因为佛是觉悟了的人，仙又是“真人”，即真正的人。

招客应断尘世缘　浇花不做修道障

【原文】

招客留宾，为欢可喜，未断尘世之攀援；浇花种树，嗜好虽清，亦是道人之魔障。

【译文】

乐于招待宾客，虽然十分欢愉，却无法了断尘情的攀缘；喜欢浇花种树，这种嗜好虽然十分清雅，却也是修道的障碍。

【赏析】

对于那些喜欢清静的人来说，招揽宾客，留朋呼友，偶一为之还可以，稍一多就痛苦了。因为，众多的人聚在一起，难免会喧嚣、浮躁、叫骂，杯盘狼藉，或烂醉如泥！内心就无法保持清静的感受了。

人们为了贪图清静，培养雅趣，便往往会浇花种树，寄情于自然。因为生活中充满了烦恼和污浊，在与人交往中，我们有时不得不出卖自己的良心或者沾染上不健康的习俗，如果能回归到自然之中，还可以得到一定清除。没有了贪念，就达到修道的境界了。像陶渊明一样“采菊东篱下，悠然见南山”。只有对一切事物无牵无挂，才能真正得到自然的真趣，如果太过贪恋花草树木，也是领略不到自然真趣的，那就成了一个地地道道的园丁而不是道士了。

一言灵天下　百世光景新

【原文】

天下有一言之微，而千古如新；一字之义，而百世如见者，安可泯灭之？风、雷、雨、露，天之灵；山、川、民、物，地之灵；语、言、文、字，人之灵。此三才之用，无非一灵以神其间，而又何可泯灭之？

【译文】

天下有一句之微言，留传千古之后，听来犹感新颖；有一字之微义，百世之后读它，仿佛仍然真实。这些，怎么可以让它消失泯灭呢？风、雷、雨、露为天的灵气；山、川、民、物为地的灵气；语、言、文、字为人的灵气。观察天、地、人三才所呈现出来的种种现象，无非是“灵”使之神妙难尽，岂可让这个灵性消失泯灭呢？

【赏析】

天下间有那么普通的一句话，但却可以在千年以后仍让人觉得新鲜警悟。比如《尚书》中的“满招损，谦受益”；金刚经中的“应云所住而生其心”。这些都是为人所乐道的。感人心灵的，还有那一字用得好的，如王安石的名句“春风又绿江南岸”的“绿”字，形象生动，如在眼前。这一字之妙，让百世以下的人也如同亲眼目睹一样。

天地人三才中，人物居于两间，而钟天地之灵秀，独立而起，划破蒙昧，标识文明，本身已经灵妙无限，更加上发明了文字语言，尤其妙上加妙。天地人三才位列，全靠着一灵其气流行其间，神秘莫测，随机造化。而人为万物之灵，我们欣赏大自然所给予我们的种种灵妙时，正是在和大自然的灵性本体相沟通，于是我们进入了一个心灵的宇宙。这就是灵感的源头！进入其中，便会有无限的生机和灵妙，又何愁不能流芳万世呢？关键是那一颗最真实的心灵！

人生一世有三乐　佛书佳客山水游

【原文】

闭门阅佛书，开门接佳客，出门寻山水，此人生三乐。

【译文】

将门关起来阅读佛经，开门迎接志趣相投的友人，出门寻找美好的山水，这是人生三大乐事。

【赏析】

风雨之中一个人独自闭门，翻阅着佛教的书籍经典，心里感到非常愉悦，获得了最大的欢乐。佛经中所言，皆是让你放下一切，回到生命的本原之中，“一切有为法，如梦幻泡影，如露亦如电，应作如是观。”一切变化的东西都不能执着，就包括那佛法本身。《金刚经》的功德，就在于连自己本身都要否定。当我们否定了一切，只剩下一个心之时，就进入了生命的本体，从而感觉到那是快乐而真实的境界！此时，若再有一位佳友造访，那我们就真要像杜甫那样“花径不曾缘客扫，蓬门今始为君开”了，与一位知己，无拘无束地谈天说地真可说是一种享受。我们柴门为他而开，心扉也为他而开，这样的幸福是难以言表的。与朋友一起去领略自然的山山水水，去玩弄自然的真趣味。我们仿佛又回到了生命最初的本原，达到了天人合一的境界，获得了超然灵感的快乐。一个人能做到这三件事而不受干扰，也可以说是享受了人间最最快乐的事情了。可惜的是，我们身处人间万家之中，无法把家门常关，而且佛经也不是那么好摸的，登门而来的，也不全是知心人，真正的自然山水也很难寻觅到，唯一能做的，就是培养心灵中那一片净土。

眼无成见读书多　胸无渣滓处世圆

【原文】

眼里无点灰尘，方可读书千卷；胸中没些渣滓，才能处世一番。

【译文】

眼中没有一点成见，才可以广涉众籍；胸中没有龌龊之情，处世才能圆融。

【赏析】

如果带着成见或“有色眼镜”读书，那么读书便只拣与自己观点相合的人的观点，不能兼容并包，从而使自己的知识不能得到进益，这是不正确的读书方法。一个人要博览群书众籍，先要擦亮眼睛，虚怀若谷，不要带任何片面的看法，从那些书籍中得到营养和食粮才是正确的读书习惯。杜甫因为眼睛明亮，能够读出书中的微妙灵气，所以才有“读书破万卷，下笔如有神”的感慨。

现实是多种多样的，不会以我们的意志为转移，因而在我们与人相处之际，总会有不尽如人意之处。但生活中，我们总是以我们的立场和观点为坐标系进入社会来和人交往的，符合我们的东西就接受，不符合的就拒绝。于是生活在我们眼里变得棱角多多，我们应该放下自己的成见，用圆融的方法来处世，用谨慎的态度来做事；只有这样我们的心灵才会像明镜一般清澈，任何事物也都能反映得明明白白，那么我们就可以在世界上愉快地生活了。

不作营求　自无得失

【原文】

不作风波于世上，自无冰炭到胸中。

【译文】

不对世间欲望作无尽的追求，就会既没有受挫时寒冷如冰的感觉，也没有追求时热烈如炭的心情。

【赏析】

我们进入世界就是在为欲望而奋斗，但在社会上，金钱多、权势大、名声高的人毕竟只有少数，大多数人还是满足不了自己的欲望。满足不了欲望，自己就像掉进了炭火之中，备受煎熬。由于欲望太大，人就会被自己的欲望驱策，变得身不由己。一旦受到了挫折，又好像掉入了寒冷的冰窖之中，一会儿热，一会儿冷，如此反反复复永远也没有了期，所以心就仿佛整天处在冰与炭的两极变化中。其实，心中无论是热烈如火，还是寒冷如冰，都是由自己的欲望造成的，我们在世界上争名夺利、兴风作浪，所以都活在种种自我折磨中。等我们还原到生活的本来状态，就会发现在波涛汹涌的外在表象之下，生命的本身竟然是如此的宁静。在这里，没有冷冰也没有热炭，只有那如同鱼在水中游一般的悠然。

勿无事而忧　勿对景不乐

【原文】

无事而忧，对景不乐，即自家亦不知是何缘故。这便是一座活地狱，更说什么铜床铁柱，剑树刀山也。

【译文】

没事却烦忧不已，对着良辰美景也不快乐，连自己也不知道为什么会如此。这样的人如同生活在地狱中一般，何必再说什么地狱中的热铜床、烧铁柱以及插满剑的树和插满刀的山呢？

【赏析】

最大的地狱，莫过于人们自己设立的地狱，这个地狱，别人是无法将它打开的，我们摆脱地狱的唯一办法就是自己拯救自己。但世上之人多数不能自我救赎，经常忧心忡忡，烦恼缠心。无事时也总是思虑万千，自寻烦恼，即使面对自然美景，依然不得开心颜。世上大多数人只相信金钱、名声、权势、爱情，甚至认为佛祖菩萨等能够拯救自己。可是每到关键时刻，却什么都拯救不了自己，那时悔之晚矣！天下诸事，皆退一步天高地阔，凡是有“让”字，便能说尽天下义。本着“让”字行事，事事抱吃亏态度，不争锋斗强，一切也就能看开了。毕竟每个人只是这世间的匆匆过客。如果看透了这层真理，人生中也就没有什么事情能让我们忧伤不乐了，世间的一切烦恼也都只不过是庸人自扰之罢了。

出世者入世　入世者出世

【原文】

必出世者，方能入世，不则世缘易坠；必入世者，方能出世，不则空趣难持。

【译文】

一定要有出世的襟怀，才能入世，否则，在尘世中易受种种攀缠而坠落。一定要深入世间，才能真正地出世，否则，就不能长久地待在空寂之境。

【赏析】

出世在一心，入世也在一心，并非高山深林的隐士，才有出世之意，“结庐在人境”一样可以“心远地自偏”；并非身居高位之人，才能为国尽心竭力；处江湖之远，一样可以念庙堂之高。心中有红尘，则为红尘人，不管是在深山野洞，还是在闹市街头；心中有桃源，则为方外之人，不论是在朝为官，还是桃源溪畔，出世入世只在一念间。

常见世间之人，为除烦恼遁世出家，即使这样，心中尚有心结未解，依然不能除却烦恼丝。心中尚有牵挂，断不是落发出家所能了却的。只有真正看透世间繁华，心如止水，才能诸事不禁于怀。真正做到了在世而出世，又何必在意那断发出家的形式？如此注重形式出家，不仅不能有助于解脱，反而会影响道心，更坠地狱！

诗禅酒画皆有意　真意只存吾心底

【原文】

人有一字不识，而多诗意；一偈不参，而多禅意；一勺不濡，而多酒意；一石不晓，而多画意。淡宕故也。

【译文】

有的人一个字都不认得，却很有诗意；一句佛偈都不懂得，却饶有禅意；一滴酒也不沾唇，却满怀醉意；一块石头也不观赏，却满眼画意。这是因为他淡泊而无拘无束的缘故。

【赏析】

文字描述，语言表达不过是外在之形式，了悟禅机，诗情画意全在一心，心中有禅，即使不言，亦能悟道。有一和尚去见一位高僧，谈论禅机，几经追问，高僧默然不语，和尚于是大悟，原来一切禅只在心中，禅是说不得的，也是说不出的，能说出来的也就不是禅了。

古人喝酒，讲究“醉翁之意不在酒”；古人赏画，更喜欢写意。因为工笔画描述的是景物，而写意画描述的是心境，喝酒无须醉，做画不须工，一切只在心境的潇洒自如。有人不喝酒，却充满酒意，能够风流潇洒，超越常规，无拘无束，韵味盎然，字、偈、酒、石皆形式。意皆在心底，一句话，只要我们有颗无牵无挂的心灵，不管有无酒画，皆能体味酒画之意。

愁去观棋酌酒　乐来种竹浇花

【原文】

眉上几分愁，且去观棋酌酒；心中多少乐，只来种竹浇花。

【译文】

眉间有几分愁意之时，暂且去看人下棋或浅酌几杯；心中快乐的时候，就去种竹浇花。

【赏析】

愁从何来？从对世态炎凉的感受中来。世人由于对尘世物相的贪恋而无法放开心胸才会愁眉深锁、黯然神伤。伟大如曹操者也发出了“何以解忧，唯有杜康”的感慨。因此，愁闷的时候，最好是去观看下棋，或是把酒浅斟。

看下围棋的优点是可以将世上的事情看淡。因为棋子的得失在游戏之人看来是无足轻重的，丢了几个小棋子，却保住了大局；看了一盘棋，却能将心中忧愁都抛弃。慢慢地浅酌美酒，当酒精开始发挥作用时，意识也便渐渐地麻醉了，烦心的事也就消散了。

乐在何处？乐在懂得生活的情趣。找快乐不如体会快乐，体会到了生活中的闲情逸致，比如种竹与浇花，其中的乐趣并不次于与朋友共同分享快乐的美妙。竹子高节雅情，花儿风神美丽，万物各有自己的生机和神态。竹竿凌云孤傲，花儿百媚千娇。触景生情，情景交融而物我两忘，自己的欢乐也就会像竹与花的气节与美丽一样自然了。

了心看清本来面　出世堪破无常理

【原文】

完得心上之本来，方可言了心；尽得世间之常道，才堪论出世。

【译文】

能够见到自己的本来面目，才算对自己了然于心；能够透彻世间不变的道理，才足以谈论出世。

【赏析】

佛家认为，一切众生的心识作用都是虚妄的。这就好像我们眼睛的视线事先被进行了规定一样，所以只会看到生命的生与死，幸福与快乐等相对的事物，从而便无法看到生命中的其他真实意义。我们的心因为执着于自己的肉身以及种种自私无聊的念头，才会感到生死烦恼。

其实，肉体的我以及观念的我都只是一个幻象，从时空的角度去说，没有一个是可以永恒不变的，它们都会有死、有坏，都不可执着。因此，当我们的心灵能够放弃那些虚妄不实的执着之后，才能到达人性的本真状态，只有到了那时，才能理解自己、理解他人，不再为妄念所执迷，看透了人间的真相，找出生命的真实意义，就能够快乐自在地生活一生。

天地万物适者存　适才养性可得真

【原文】

调性之法，急则佩韦，缓则佩弦。谱情之法，水则从舟，陆则从车。

【译文】

调整个性的方法，性子急的人就在身上佩带熟韦，警惕自己不可过于急躁；性子缓的人就在身上佩带弓弦，警惕自己要积极行事。调适性情的方法，要像水上乘舟、陆上乘车一般适情适性。

【赏析】

人的个性是天生的，没有办法自己选择，但有些行为方式却是后天的习惯所养成的，是可以进行调治的。性子过急遇事就容易冲动而做事缺乏考虑，性子过缓却又容易错失良机而终生遗憾。推而广之，为人处世也同样如此，过缓过急都不利于妥善地处理好各种关系。认识到自己的性情有不利的一面时，要自觉而及时地调整，只有这样，才能使自己的德行得到不断的提高。

“轻当矫之以重，浮当矫之以实，傲当矫之以谦，肆当矫之以俭，躁急当矫之以和缓，刚暴当矫之以温柔。”这是故人留给我们的经验之谈，它告诫我们：调适情绪必须顺着事情的本性去做。天地万物，各自有着美好的天性，顺其自然，也会让我们自然。明白了这个道理，做什么事情就不会一意孤行了。

熏德用好香　消忧有好酒

【原文】

好香用以熏德，好纸用以垂世，好笔用以生花，好墨用以焕彩，好茶用以涤烦，好酒用以消忧。

【译文】

好香用来熏陶自己的德行，好纸用来书写垂世之作，好笔用来创作美好的篇章，好墨用来描绘灿烂的图画，好茶用来涤去烦恼，好酒用来消除忧愁。

【赏析】

如果我们能拥有最佳的生活方式和生存技能，那万事万物都会成为我们的朋友和知己。而生活的艺术就在于使任何事物都能发挥其美好的用途。古人以香草比喻君子的德行，“斯是陋室，惟吾德馨”。修养德行时，一定要点燃香草来提醒自己加强品德修养。不朽的文章，应该记录在最好的纸上，以流传于后世。好笔，自然要写下文采飞扬的篇章。好墨，自然能写下香飘四溢的文字。只有这样才能物尽其用，物有

所值。世人要想消除自身的烦恼，洗涤落满尘埃的心灵，也要以最好的香茗，最醇的美酒，这样才能使我们忘却忧愁，感到无比的清新舒爽。

破除烦恼木鱼声　见澈性灵优钵影

【原文】

破除烦恼，二更山寺木鱼声；见澈灵性，一点云堂优钵影。

【译文】

聆听二更时分山中寺庙的木鱼声，烦恼为之消失；看到佛堂里的青莲花，本性和智慧都有了透彻的领悟。

【赏析】

佛家认为，人之所以会有烦恼，是因为我们的内心为外物所牵绊，从而被束缚甚至是迷失了本性。然而怎样才能破除这些妄念呢？不知大家是否有这样的经历：可曾在夜深人静时聆听过和尚敲木鱼的声音？可曾在古刹里一边听着得道的高僧以他那苍劲的声音吟诵讲读梵语经典，一边又有节奏的木鱼声划破空气传入你的耳畔？这声音清警轰鸣、回荡旋转，好似出自天国之中，携带着它的神秘、灵妙和真理涤荡着我们的心灵，唤醒了我们沉睡已久的灵性。然而灵性是什么，又在哪里？对它我们不知道，但佛祖却提醒了我们，便是那优钵莲花，它出淤泥而不染，清净洁白，独立不苟，正好是我们清净心性的化身，也是佛家智慧的代表。因此连佛祖菩萨坐的都是莲花座。如果我们能够悟得生命的真相，明了佛家所谓的清净智慧，肯定会彻底地显露自己的本性。这便是莲花给人们的启发。

太闲生恶业　太清类俗情

【原文】

人生莫如闲，太闲反生恶业；人生莫如清，太清反类俗情。

【译文】

人生没有比闲适更好的了，但是，太闲适反而会作出不善的事情；人生也没有比清高更好的了，但是，太清高反而得矫俗的名声。

【赏析】

人生忙忙碌碌，能够得到清闲，当然是美好的。“因过竹园逢僧话，又得浮生半日闲。”偶尔的闲暇对我们的身心是有益的。坐在庭院之中，感受清风徐来；站在厅堂外面，看云卷云舒；倚着窗棂，享受月色溶溶。心无杂念，了无牵挂，忘却生活的忙碌与名利的诱惑，心中自有一片淡然之地。然而，如果功底不够深厚，太多的闲暇往往导致物欲上的过分追求，从而带来了一系列的问题，做下许多不善的事情，正应了“太闲反生恶业”的道理。

清高是好的，因为它表现了一种不与世俗同流合污的精神。在物欲横流的社会中，并没有因追求名利而迷失自己。但一个人如果过于清高，反而类似矫揉造作，这就不好了。过于清高，也是在追求一种名声，最终还是陷入了追求声名的泥淖。

灵丹一粒　点化俗情

【原文】

胸中有灵丹一粒，方能点化俗情，摆脱世故。

【译文】

胸中有一颗昭昭灵明之心，才能变化心中的世俗之情，摆脱种种心机，超出诸多事情。

【赏析】

“身是菩提树，心如明镜台。时时勤拂拭，莫使染尘埃。”由唐代神秀的这首诗可以看出，心为感受外界的根本，只有保持心灵的安宁，拥有一颗明净、纯净的心，才能洞察世情。现实中人被世俗之尘所染、所蒙，为名、为利机关算尽，其心如明珠蒙尘，此时之心即有病。怎样医治有病的心灵呢？灵丹一粒，才能治心病。所谓灵丹，就是真心对己、真心对人、真心对待自己身边的每一个事物，让蒙尘的心灵重新明净。只有保留这份纯净，才能点化俗情，摆脱世俗，祛除百病，从而达到超凡脱俗的境界。其实，人人都有这样一颗灵丹妙药，只是人们被物欲蒙蔽，浑然不觉而已。

妖冶成骷髅　功名是梦蝶

【原文】

无端妖冶，终成泉下骷髅；有分功名，自是梦中蝴蝶。

【译文】

艳丽妩媚的美人，终将成为九泉之下的白骨；功名纵然有分，无非是梦中之蝶，醒来尽成虚幻。

【赏析】

对美的追求，是社会发展的动力。真正的爱美，应该是欣赏美，从欣赏美中得到愉悦，而不是从美的执着中得到痛苦。就时空而言，人生短暂；对人生而言，青春年华短暂。无论多么妩媚的美人，最终都会成为黄土之下的森森白骨。对美一旦执着，就会产生痛苦，周幽王宠爱褒姒，烽火戏诸侯以博美人一笑，结果弄得国破人亡。

“学而优则仕”，科举取试，博得功名是古之读书人最大的心愿，“十年寒窗无人问，一举成名天下知。”应该说，科举制度对选拔人才是有积极作用的，对于贫寒子弟来说也是一个改变命运的较好途径。但如果对功名的追求过于执着，就会产生无尽的烦恼。就像范进中举一样，因过于欢喜而发了疯。在历史的长河中，个人的功名有如梦中的蝴蝶，一切都会随风而逝，又有什么好执着的呢？

独坐禅房　心静神清

【原文】

独坐禅房，潇然无事，烹茶一壶，烧香一炷，看达摩面壁图。垂睑少顷，不觉心静神清，气柔息定。蒙蒙然如混沌境界，意者揖达摩与之乘槎而见麻姑也。

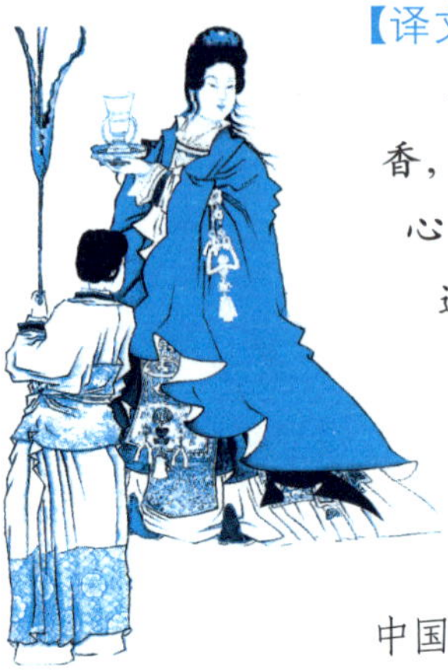

【译文】

独自坐在禅房中，清爽而无事，煮一壶茶，燃一炷香，欣赏达摩面壁图。将眼睛闭上一会儿，不知不觉中，心变得十分平静，神智也十分清楚，气息柔和而稳定。这种感觉，仿佛回到了最初的混沌境界，就像拜见达摩祖师，和他一同乘筏渡水见到麻姑一般。

【赏析】

达摩是禅宗的始祖，南朝梁武帝时由天竺来到中国，曾在嵩山少林寺面壁而坐九年，潜心修道，最终悟得禅的宗旨是：不立文字，教外别传，直指人心，见性成佛。后来将法衣传给了二祖慧可。麻姑，据《神仙传》记载，为东海的一位仙女，据说能够撒米成珠。

佛家认为，我们的身体和意识都是虚妄的，所以只注重心性的了悟。而且佛家还认为，了悟心性并不是什么高深的学问，人人都可以达到，所谓“放下屠刀，立地成佛”。有了坐禅的心境，煮茶燃香，沉入静思默念之中，心智就会变得十分宁静。达到这种境界，意念中就像拜见了达摩祖师并和他一同乘筏渡水去见麻姑仙女一般。佛教的过人之处，就在于无论何地何人，都可以悟得心性，达到神妙的境界。

才人多放正敛之　正人多板趣通之

【原文】

才人之行多放，当以正敛之；正人之行多板，当以趣通之。

【译文】

有才气的人行为多疏放而不受检束，应当以正直来收敛他；太过正直的人大多不知变通，应当以趣味使他的个性融通些。

【赏析】

有才气的人往往表现出豪放洒脱、不拘礼节的样子。恃才傲物是他们的通病。大诗人李白狂狷时吟：“仰天大笑出门去，我辈岂是蓬蒿人？”自信对唱：“天生我材必有用，千金散尽还复来。”但最终还是“大道如青天，我独不得出。”

为什么呢？这与统治者对他的埋没有关，但也与他自己游戏官场、放浪纵恣的个性有关，使他的满腹才能没能用于报效国家。但是，如果能够辅之以正直，让其脚踏实地，言行有所规范，那么，他的个人才能还是能够得以实现的。

然而生性正直的人，往往由于其执着的性格而过于刻板而不知变通，既无法应付人生的多变性，也无法从生命中获得趣味。海瑞是个有名的清官，可他年仅七岁的女儿因偷吃了别人的一个饼，被他逼得活活饿死。这到底是正直还是迂腐啊？对于这样的人，我们要使他的心变得活泼些，让他多去接触种种变化的事物，否则，他的生命就会显得枯燥乏味。

闻人善则疑　闻人恶则信

【原文】

闻人善，则疑之；闻人恶，则信之。此满腔杀机也。

【译文】

听到别人做了好事，就怀疑他的动机；听到别人做了坏事，却深信不疑。这是心中充满恨意和不平的人才有的态度。

【赏析】

世上的凡人，有时关心别人的事情胜于关心自己的事情。自己无所事事的时候，常常恶意来揣摩他人。听到别人有了好事，就对这件事的真实性产生怀疑，而且还会怀疑事情的动机。听到别人有了坏事，就会深信不疑。其中的原因是这个人的心中充满仇恨和恶念。如果一个人充满善念，那么当他听到别人有好事时，内心也一定会为他高兴；而听到别人不好的消息后，就会想到事情是否属实，即使是真实的，也希望对方能从困境中走出或改正，而小人却恰恰相反。

能脱俗便是奇　不合污便是清

【原文】

能脱俗便是奇，不合污便是清；处巧若拙，处明若晦，处动若静。

【译文】

能够超脱世俗，便是不凡；能不同流合污，便是清高。越是巧妙的事情，越要以拙笨的方式处理；位居高明之处，却能善自韬晦；处于动荡的环境，却能平静不乱。

【赏析】

不追名求利，坦荡地生活，就是超凡脱俗。真正的超凡脱俗，主要体现在心灵上，并不是要做出什么惊天动地的奇特之事，也并非要显得比别人伟大。只要能保持心灵的纯正洁净，不落俗套，不受外界环境的影响，能像莲花那样出淤泥而不染，这便是出奇了。同时还要想到生活在世俗之中，处事要巧妙。要装愚守拙，这是处世的艺术，这样才能够保护好自己。身居高位，要懂得韬光养晦，因为身居高位往往会成为人们嫉妒的对象。身处逆境，更要心若止水、静观其变。这样才有利于我们弄清楚事情的真相，有利于我们化险为夷。

尽心利济　天地皆容

【原文】

士君子尽心利济，使海内少他不得，则天亦自然少他不得，即此便是立命。

【译文】

一个有学问、有道德的人，只要尽自己的心意去利物济人，使一国之内少不得他，那么，上天自然也需要他，这便是为自己的生命创造了意义和价值。

【赏析】

修身、齐家、治国平天下是古代儒家所提倡的立命之本。人若不想碌碌无为、平平庸庸地过其一生，就要尽可能地为社会做贡献，尽心尽力地为他人谋取利益。做到生得伟大、死得光荣，这样才算实现了生命的价值。如果一个人过于追求物质享受，贪财好利，猎求声名，最终将会被声色功名所累，是没有办法享受生命的乐趣的。珍惜自己的生命，为社会、为他人多做贡献，让生命之花绚烂多彩。

读史莫怕有错词　闲居要能忍俗汉

【原文】

读史要耐讹字，正如登山耐仄路，踏雪耐危桥，闲居耐俗汉，看花耐恶酒。此方得力。

【译文】

读史书要忍受得了错字，就像登山忍受得了崎路，踏雪忍耐得了危桥，闲暇忍受得了俗人，看花忍受得了劣酒。如此才能真正进入史书的天地之中。

【赏析】

读史可以明智，读史书对人是十分有益的。但人非圣贤，孰能无过？著史书之人难免也犯错误，因此史书上的错误也就在所难免了。所以，对读史的人来说，一定要耐得往书中的错误，这样才能纵情进入书中的境界，而不致因书中的错字或断简残篇而败了读书的雅兴。读史如此，其他事情也如此。如果想体会到雅致，必须要在“耐”字上下一番苦功夫。踏雪寻梅，要耐得住踏上危桥。闲居之中，要耐得住与俗人相处，不要试图去改变环境，而是要在“忍”字上下功夫。人生的美好都在于自己把握。

明窗净几一息顷　名山胜景一登时

【原文】

声色娱情，何若净几明窗，一生息顷。利荣驰念，何若名山胜景，一登临时。

【译文】

纵情于声色，不如在洁净的书桌和明亮的窗前，让自己得到宁静的快乐。为荣华富贵而意念纷驰，哪里比得上登临名山欣赏胜景来得真实呢？

【赏析】

声色中纵情，必然会得到一时的刺激和欢娱，但快乐过后，随着年华的流逝，那些往事如烟如梦，终究会消之殆尽的。与其这样追求一时的精神满足和肉体快感，不如培养一份高雅的悠闲情趣，与我们相伴终生，享受无穷乐趣。窗明几净，临窗而坐，笑看花开花落，人来人往，留一方宁静在心头。这是多么惬意啊！为名忙，为利忙，到头来终是两手空空，一无所有，虚度一生。如有空闲之余，不如游览名山大川，每当登临高山，接触到真实的大自然时，我们的心灵就会得到澄静，灵魂也会得到净化。

闲得一刻好快活　心中无事能行乐

【原文】

若能行乐，即今便好快活。身上无病，心上无事，春鸟是笙歌，春花是粉黛。闲得一刻，即为一刻之乐，何必情欲，乃为乐耶。

【译文】

若能随时行乐，立刻可以获得快乐。身体既不生病，心中也无牵挂，春天的鸟啼就是美妙的乐曲，春天的花朵便是最美的妆饰。能得到一刻空闲，便能享受一刻的乐趣，哪里一定要在情欲中追求刺激，才算是快乐的呢？

【赏析】

真正的快乐，并不在于感官，也不在于占有，而是在于用自己的心灵去品味世间万物之中所包含的情趣，以达到心灵的目的。当我们没有病痛折磨的时候，当我们没有忧虑和牵挂的时候，就会充分体会到大自然的乐趣，体现到人生的快乐。外在的感官刺激是短暂的，如果一味地追求更是危险，必将陷入深潭而不可自拔。无尽的麻烦与痛苦将最终让你寸步难行，这样又怎能体会到快乐呢？

兴来醉倒落花前　机息忘怀磐石上

【原文】

兴来醉倒落花前，天地即为衾枕；机息忘怀磐石上，古今尽属蜉蝣。

【译文】

兴致来的时候，醉倒落花之前，天地就是我的被褥和枕头；放下机心，坐在石上，忘怀一切，古今的纷扰看来都像蜉蝣的生命一般短暂。

【赏析】

花开花落，是大自然的变化规律。世上万物也都有各自的发展规律。都会有衰落飘零、杳然无痕的时候。知道了这个道理，何不对酒当歌？醉酒卧倒在万花丛中，与大自然相拥入眠，物我两忘，将世间万物置于空灵之中。这种心境又是何等快意啊！百花盛开之后都要凋零，蜉蝣朝生暮死，人又何尝不是？人生本就如沧海一粟，渺小而平凡，又何必执迷外相而不尽情享受呢？放下心机，无挂无碍？自得自在，把古今的纷纷扰扰都抛之脑后吧！让个人的荣辱都湮没在历史的尘埃中吧！这样的人生才是美好的。

意亦甚适　梦亦同趣

【原文】

上高山，入深林，穷回溪幽泉怪石，无远不到。到则拂草而坐，倾壶而醉，醉则更相枕藉以卧，意亦甚适，梦亦同趣。

【译文】

登上高山，进入深林，走尽回旋曲折的小溪，凡有幽美的泉水和奇怪的岩石之处，不论多远都要去到。到了目的地，坐在草地上，倒出壶中的酒，尽情地喝醉，然后就互以身体为枕酣然大睡，此时的心情甚为愉快，连做梦都有相同的情趣。

【赏析】

书的形式多种多样，大自然也算是其中的一种。而且内容十分丰富。它淡雅质朴、清新自然、通俗易懂、欢快活泼，令人回味无穷。深入自然，寄情于山水，认真去读它，能使自己的身心得到栖息。这是一般人寻找快乐的最便捷途径。入幽谷，进山林，观清溪，听鸣泉，赏奇石，最终醉卧草地，物我两忘，尘念俱空。大自然是最好的知心朋友，最睿智的导师，你既可以向它倾诉烦恼、诉说痛苦，也可以得到教诲、启迪，充分享受它带来的难以明状的喜悦。

业净成慧眼　无物到茅庵

【原文】

业净六根成慧眼，身后一物到茅庵。

【译文】

罪业一旦清净，眼、耳、鼻、舌、身、意都成了观照世间万物的慧眼。身上没有任何事物的拖累，便如同住在深山的茅庵中修行一般。

【赏析】

人心本来就是清净无为的，但是，由于每一个人的前世造就了各种不同的罪孽，所以我们失去了洞晓天地的能力，产生了无尽的烦恼与妄念。而产生罪孽的根源就是六根的不清净。当我们被外界迷惑时，当我们陷入迷妄之时，就仿佛在梦中一般，好像梦到了各种罪孽之事；而当我们一旦领悟了本心的清净时，就像发现了梦中所见、所听、所闻、所尝、所触、所想等都是虚幻的。都是由幻心所生，如果能有此领悟，就会具备洞察过去未来的“慧眼”，进而看破红尘，进入一个更高的境界。

一粒沙中有世界　一朵花中有天堂

【原文】

茅檐外，忽闻犬吠鸡鸣，恍似云中世界；竹窗下，惟有蝉吟鹊噪，方知静里乾坤。

【译文】

茅屋外面，传来几声犬吠鸡鸣，让人感觉好像到了远离尘世的高远之处；竹窗之外，只能听到蝉鸣鹊叫，令人感觉到寂静中的天地如此广大。

【赏析】

“一粒沙中见到世界，一朵花中见到天堂。从手心里了解无限，从一瞬间知道永恒。”这是诗人布莱克的诗句。说的是外边世界的样子，完全在于自己内心的感受，这本是个喧嚣的尘世，人在其中生活久了，自然就渴望逃离尘世，想获得一种内心的宁静。这样才能领悟到静的神韵。静，并不是死气沉沉毫无生气的静，而是有所衬托的静。虫儿低吟，鸟儿低唱，雨打芭蕉，这更能体现出静的意境，虽然幽静是美的，但是静中有动更能给人带来乐趣。

山泽未必有异士　异士未必在山泽

【原文】

山泽未必有异士，异士未必在山泽。

【译文】

山林泽畔，不一定有超凡绝俗之人；超凡绝俗的人，也不一定住在山林泽畔。

【赏析】

异士，就是与众不同、超凡脱俗的人。他们的思想和行为超出了常人，能把地位、名利、荣华富贵不放在心上，能够超然于物外，他们还能洞察先机，知事于未发，他们往往高深莫测，深藏不露。他们往往生活在喧嚣之外的山林之中，往往不为人所知。但他们虽身隐竹林，却心在朝廷，既为自己思考，也为他人思考，既解决自己的问题，也帮助解决众人的问题，这些人才是人民的领袖。不过，隐居山林的人未必个个都是卓立独行的特异之辈，也有许多自视清高的欺名盗世之流。他们只顾享受自己的宁静，这样的人又怎么能称得上异士呢?

可爱之人可怜　可恶之人可惜

【原文】

天下可爱的人，都是可怜人；天下可恶的人，都是可惜人。

【译文】

天下值得去爱的人，往往都十分可怜；而那些人人厌恶的人，却常常是十分可惜的人。

【赏析】

古语云："恶有恶报，善有善报。"但事实往往不是这样的，心地善良的人，多受人尊敬和爱戴，他们不为私利，一心为众人着想，即使在自己受到伤害时，也不愿用各种卑劣的手段去摆脱自己的不幸，更不会与坏人同流合污来追逐不义。这些人自然是好人，但在社会上往往也是最容易受到伤害的，以致有时会用生命作为代价。

而那些平素喜欢作恶的人，他们丧失了人性最美好的东西——良心，在世上肆意妄为，为非作歹。很可能会逃脱法律的制裁和惩罚。但无论他们一时怎样风光，最终也会受到人们的鄙弃和厌恶。他们生活如同行尸走肉，体会不到人间的情与爱，这样的人生不能不让人惋惜。

澄辩不急　归劝勿逼

【原文】

事有急之不白者，宽之或自明，毋操急以速其忿；人有操之不从者，纵之或自化，毋操切以益其顽。

【译文】

事情紧急却又不能表白时，不妨宽缓下来听其自然，也许会慢慢澄清，不要急于辩解，否则会使人更加气愤。有的人，你越劝他，他越是不听，这时稍微加以放松，不要逼得太紧，也许自己会逐渐改正，不要强迫遵从，否则会使他更为顽劣。

【赏析】

善言劝谏，是值得人称道的事情，但如果不看火候，操之过急，反而不利于事情的发展，所谓“欲速则不达”，说的就是这个道理。世事复杂，难免会有不明不白的时候，逆来顺受，不屈不挠地生活，耐心等待，真相总有大白的时候。如果空发牢骚，反而可能让人越发不可相信，事情越弄越糟。或者有些人正处于迷局之时，情绪正处于激动状态，这时是很难听进别人劝谏的。相反，如果你给他一点时间，让他冷静一下，稳定住情绪，静心反省，这样会更有利于他认识自我，改正自我。

比上不足时　比下可有余

【原文】

人只把不如我者较量，则自知足。

【译文】

只要和境况不如自己的人比较一下，人就自然知足了。

【赏析】

“知足常乐”是古人的处世态度。社会纷杂，物欲横流，人们的双眼常常会被此蒙蔽，总是生出种种欲望，总是生出攀比之心，为此也便生出了种种烦恼。爱慕虚荣的人看到比自己强的就会产生嫉妒之心，总是争强好胜，总是希望自己超过别人，这种心态是不对的。一个人，总是拿自己的状况与那些境遇优于自己的人相比，就会产生痛苦。这时，不如“退一步”想想，想想那些境况不如自己的人，就可能会多一些满足感，使自己的心态平和一些。

求俭求贤　安贫乐道

【原文】

俭为贤德，不可着意求贤；贫是美称，只在难居其美。

【译文】

节俭是贤良的美德，但是，不可因为人们称赞节俭，就刻意追求这种声名；安贫往往为人所赞美，只是很少有人能安贫乐道。

【赏析】

勤俭一向是中华民族的传统美德，勤俭之人一向为人们所称颂。但有一些人，为了追求好的名声，沽名钓誉，在人前故作姿态，故意装出艰苦朴素的样子，给人以清高的感觉，而实际上生活却浮华奢侈，这种人无疑是可耻的小人。安贫乐道也是一种令人称颂的生活情趣。淡泊名利有志于道，在贫困中永葆积极向上的动力，努力追求着自己的梦想。这种梦想，不是对荣华富贵的追求，而是对道的执着。通过勤劳的双手使自己摆脱了贫困，达到了富裕的生活，这才是人们所应学习的。

唤醒梦中之梦　窥见身外之身

【原文】

听静夜之钟声，唤醒梦中之梦；观澄潭之月影，窥见身外之身。

【译文】

聆听寂静之夜传来的钟声，唤醒了生命中的种种迷惘；静观清澈潭水中的月影，仿佛窥见了超越身躯的真实自我。

【赏析】

人生如梦。我们不知道自己是在梦中，还是在梦外；不知自己何时会醒来，也不知道自己何时又昏昏睡去。我们说不清楚，别人也不清楚。宇宙无边无际、无始无终，人类的生命与之相比，真如同沧海一粟一样，短暂而渺小。而人们又往往被尘世所蒙蔽。庸碌一生，尚不知自己在梦中。只有在夜阑人静之时，聆听子夜钟声，人才从梦中惊醒，才会有所感悟。喜怒哀乐，成败得失，爱恨情仇都抛之脑后。因为只有在无欲之时，才能体会到真正的自我；只有不再拘限于肉身，我们才能超越生死和永恒，成为一个真正的智者。

打透生死关　参破名利场

【原文】

打透生死关，生来也罢，死来也罢。参破名利场，得了也好，失了也好。

【译文】

超越了生死的界限，活就能活得自在，死也能死得安然。看破了名利的虚妄，就会感觉得到了也好，失去了也好。

【赏析】

新陈代谢，是自然界最基本的规律。世间万物，皆有其出生、成长、衰亡的过程。也正是有了这一过程，才使得自然界不断地更新、变化、发展，在我们面前总是呈现着一个崭新的世界。人作为万物之一，也不能逃出生死循环的规律。死是人生的必然，没有生就没有死，没有死也就没有生。看透了生死界限，超越了生死之界，我们也就参透了人生的真谛。

与生死相比，名利更是身外虚幻之物，如果能参透生死，那么又何必再追逐这些虚妄的东西呢？放下生死，放下名利，拒绝虚幻，坦然面对人生、社会，这样才会使我们的身体和心灵都得到解脱。

一笔写出　便是作手

【原文】

作诗能把眼前光景、胸中情趣一笔写出，便是作手，不必说唐说宋。

【译文】

写诗的人若能把眼前所看到的情景，以及胸中的情意趣味，一笔表现出来，便是作诗的好手，不必引经据典，说唐道宋。

【赏析】

“诗言志”就是说诗可以表达和流露出作者内心的真情实感。一首诗，能够不露痕迹地写出当时情、当时景，并能将情景描绘得水乳交融、天衣无缝，便是一首好诗。而诗的作者，也称得上是真正的“作手”。所以诗人不必非要与宋唐相比，诗作也不必非要引经据典。但无论如何，才华横溢是诗人都必须具备的，不论在什么地方，身处什么场景，都能酣畅淋漓地书写出自己胸中的情意，描写出当时的情景，此诗必能流传千古。

隐逸无荣辱　道义无炎凉

【原文】

隐逸林中无荣辱，道义路上无炎凉。

【译文】

在隐居的生活中，没有荣华或耻辱；在选择道义的路上，也没有人情的冷暖可言。

【赏析】

所谓“荣”，所谓“辱”都是心中的一念。如果你有心于“荣辱”，则“荣辱”处处存在；如果无心于“荣辱”，则荣辱处处无有。那些参透红尘的隐士，自甘于隐居山林，自然也就放弃了对世间荣华富贵的追逐。不再看重世间名与利，所以也就没有“荣”与“辱”的概念了。但世上身隐而心不逸的人仍很多，真正无“荣”、无“辱”的人很少。对于追求道义的人，必然向着道义而勇往直前，以极大的勇气和决心全身地投入，哪里还能顾及世态的炎凉、人情的冷暖呢？

经书是方法　佛性为本身

【原文】

皮囊速坏，神识常存，杀万命以养皮囊，罪卒归于神识。佛性无边，经书有限，穷万卷以求佛性，得不属于经书。

【译文】

我们的身体很快就会朽坏，但是，阿赖耶识之中的业债却始终还不清。宰杀动物养活臭皮囊的业债，将全部藏纳到阿赖耶识中，使我们将来受报应。我们的觉悟本性是无边无际的，经书中只是一些有限的文字而已，穷究万卷的经书来求佛性，一旦得到便会发现，经书只是方法而不是佛性的本身。

【赏析】

佛家讲究因缘，讲究因果，强调有果必有因，有因必有果，因果循环，报应不止。一个人所做的一切，都被保存在“阿赖耶识”中，即使装着五脏六腑和灵魂的皮囊腐朽了，我们仍在六道轮回承受着种种善恶的报应。人的大脑是用来思考的，是意识的枢纽，其思想是没有限制的。而经书，只是文字，是超越生死缠缚，转识成智的方法，是有限的，是无法涵盖全部真理的。我们不必凭我们的意识去刻意认明白经书的文字，来达到“悟”，只要我们求证到本来清净的佛性，便会明白了经书，达到大彻大悟。

勿闻谤而怒　勿见誉而喜

【原文】

闻谤而怒者，谗之隙；见誉而喜者，佞之媒。

【译文】

听到毁谤的言论就勃然大怒的人，最容易接受谗言；听到赞美的言论就沾沾自喜的人，最容易听进媚语。

【赏析】

一言一语，出自他人之口，进入自己之耳，会有好有坏，有毁有誉。对于这些言语持什么样的态度很能反映个人的修养问题。一些人心胸狭窄，一听到别人的谗言谤语，就勃然大怒，拔剑而起，以致做出不理智的事情来。这样，就使爱进谗言的人得到了许多机会，使他们的阴谋得逞了。听到谗言谤语，不进行自身的反省，探明虚实，就怒而视之，便使谗言有了生长的土地。这样怎么能使身心清净呢？而又有一些喜欢听奉承的人，最容易迷失自己的本性，而被别人所骗，掉入别人的陷阱。

人胜我无害　我胜人非福

【原文】

人胜我无害，彼无蓄怨之心；我胜人非福，恐有不测之祸。

【译文】

他人胜过我，则没有什么害处，因为这样他便不会在心中积下什么妒恨。我胜过他人，倘若遇到心胸狭窄的人，恐怕会有难以预测的灾祸发生。

【赏析】

争强好胜，事事都想高人一等。这是许多俗人的想法。而这种人，往往容易遭到他人的嫉妒，在生活中、事业上树立太多的仇敌，就等于在自己前进的道路上增添了许多障碍。这样对自己的前途无疑是有害的。

相反，如果自己在某些方面不如别人，不仅说明自己还有许多向别人学习的地方，同时也向别人证明了自己的好学之心。而一味地嫉妒他人，只能说明自己心胸狭窄，毫无君子之风，不利于自己的前进。既不落后于人，也不领先于人，这正是古代大儒所追求的中庸之道。

闭门是深山　读书为净土

【原文】

闭门即是深山，读书随处净土。

【译文】

关起门，就像住在深山中一样；能读书，则处处都是净土。

【赏析】

深山老林，是高尚贤达之士向往的隐居场所。在那里，人迹罕至，没有俗人、俗事的打扰，能够无忧无虑地生活。其实关上房门也仿佛置身于山林之中一样。不再有别人的打扰，抛却尘俗往事，抛却虚妄欲念，一茶一酒，与明月对饮，这是何等的惬意啊！心在深山并非身必在深山。只要我们能体会到那种意境。能将心田变成一片净土，便是得道之人，感到身处深山了。读书也是如此，只有我们拥有了清净的心境，一心一意读书，便可以领悟到人生至理。

自心一尘不染　才见圣人胸襟

【原文】

欲见圣人气象，须于自己胸中洁净时观之。

【译文】

想要领悟圣人的胸襟气质，必须在自己内心一尘不染的时候观察才会明白。

【赏析】

能够通达事理，学问、修养、气度都超凡脱俗的人，都可为圣人。他们立言、立德、立功以至不朽。圣人之所以为圣人、俗人之所以为俗人，主要在于他们的心灵。圣人的心灵纯净无染而了无牵挂，而凡人则身陷红尘，心中杂念妄想，而使自己显得平庸俗气，甚至愚昧无知。要想了解圣人的心境，必须要看透名利，看透生死，看透红尘，只有清除掉心中的杂念，才可以使自己的心灵得到净化，求得人生的本性。

成名穷苦日　败事得志时

【原文】

成名每在穷苦日，败事多因得志时。

【译文】

一个人成名往往是在过穷苦日子的时候，失败则是在志得意满的时候。

【赏析】

贫穷其实也是一种财富。贫穷使我们产生了上进的动力，使我们掌握了成功的方法，磨炼了我们的意志，使我们变得坚强，总之贫穷增添了我们的智慧、力量和勇气。使我们知道了如何去为人处世，如何去珍惜福分，如何去享受生活。

人生有挫折，也有得意。得意之时如果不懂得收敛锋芒，自高自大，骄傲的情绪难免滋生，当初的目标与动力就会消退。同时，自己的狂妄往往还会招来更多人的嫉妒和怨恨，受到别人的打击，内外夹攻时，事情往往多败。

让利又逃名　才是真君子

【原文】

让利精于取利，逃名巧于邀名。

【译文】

将利益让给他人，比和他人争利更为明智；逃避声名比求取声名更为聪明。

【赏析】

吃亏是“福”。在与人交易的时候，本着吃亏的态度，不但可以显现出君子风度，而且容易促成交易。交易双方本来就是本着利益的目的进行交易的，如果追本逐末，斤斤计较，便会使双方争执不下，从而增加交易难度。若将利益让给他人，由于对方获得了实惠，会对自己感激，从而会提供更多的利于自己的机会。君子做事靠德不靠智，君子交易先予后取。所以君子“处处让”，却实际是“时时得”。

名声太大拖累人。真正的君子决不会沽名钓誉，而是处处以求躲避名声。名声太噪，容易招致祸患。所谓“树大招风”，君子只求自己是否有能力而不求虚名。陈胜大泽乡起义，急于称王，求取虚名，结果导致众叛亲离，起义失败。三国时期，有人劝曹操称王，曹称“不愿图虚名，而处实祸”。虽然曹操不是一个君子，但在此时，他的确表现出了君子之风度。沽名之辈必早凋，务实之人必常青。君不见，一夜秋风过，落花知多少？只有那默默无闻的小草还依然在萧瑟秋风里舞蹈。

求福速祸至　安祸速福至

【原文】

过分求福，适以速祸；安分速祸，将自得福。

【译文】

过分地求福，往往将使祸事突如其来；对于突如其来的灾祸安然处之，自然能够逢凶化吉。

【赏析】

福乃祸之所倚；祸乃福之所存。世界是由矛盾组成的，而矛盾的两个方面在一定条件下又是相互转化的。正所谓：“乐极生悲”“否极泰来”。若一心求福享乐，对祸患没有防备，祸患必来，不但无福可享，反而会大祸临头。若心存安祸隐患之道，对一切可能的祸患防微杜渐，那么就能安享太平。俗话说"大难不死，必有后福。"一般规律是经历了磨难、祸患，福乐也就不远了。一般人之所以先苦后甜、先难后福，就是因为他们先与祸患做斗争，与祸患做完斗争，福也就来了。但如果祸患未除，先求福乐，必定不会长久。太平天国攻占天京后，领导阶层开始腐败享乐，结果导致天京变乱，也注定了太平天国覆亡的命运。而东晋的祖逖，每日闻鸡起舞，勤于练剑，终于为东晋立了大功。就是因为祖逖时刻不忘北方之患，每日磨励自己，以安祸之心求战，必能万无一失。

读书不可拘旧　学理不要盲从

【原文】

看书只要理路通透，不可拘泥旧说，更不可附会新说。

【译文】

读书贵在将书中的道理融会贯通，不可受旧学说的限制而不知变通，也不可对新学说还未了解就盲目信从。

【赏析】

读书求新，不能拘于旧理，被条条框框所束缚，只有勇于创新，才能不断进步。因循守旧，只能成为一个书呆子，不能成为一家之言。学理之人，要敢于怀疑，才能使道理更加明晰，正所谓道不疑不真，理不辩不明。若一味盲从，只能是个糊涂的模仿者，不能成为一代宗师。自古成为一代学术大家的人，都是在原有理论的基础上有所突破的人。柏拉图对苏格拉底有所否定，而亚里士多德更是与柏拉图不同。所以才有"吾爱吾师，但吾更爱真理"的名言流传后世。孔子也讲究在读书上要"一以贯之"，就是要用自己的理论观点来统领全书。诸葛亮读书只观其大略，不拘泥于古。不管是以书为师抑或以人为师，所阐明的道理都是有局限性的，都是与当时的时代背景相适应的，所以时代在发展，眼光在开阔，理论也应进步。因此读书不可拘旧，学理不要盲从。

但识琴中趣　何劳弦上音

【原文】

对棋不若观棋，观棋不若弹琴，弹琴不若听琴。古云：但识琴中趣，何劳弦上音。斯言信然。

【译文】

与人下棋不如观人下棋，观人下棋不如自己鼓瑟，自己鼓瑟不如听人弹琴。古人说："只要能体味琴中的趣味，何必一定要有琴音呢？"这句话是很有道理的。

【赏析】

下棋非争一局输赢，意在棋中之乐。走马换炮，放卒飞象，你来我往，对弈的智慧尽在其中了。下棋玩的是智慧，每走一步都是智慧的结晶，每落一子都是通盘的计划，因而下棋不若观棋。观棋之人，能看出双方的智慧，能感觉双方的计划。没有输赢概念存之于胸，棋中之乐更能体味得淋漓尽致。

弹琴亦是如此，非在琴上之音，而在琴中之乐。有琴不必有音，就像有鸟不必有鸣，有林不必有风，有山不必有石一样。一个"有"字便足以道出全部味道，未必非要增加那些附属之品。若无意进入茅屋，里面有石棋一局，锦琴一张，木床一榻，茶炉一围，雾气氤氲，烟绕霞缭，恍若进入仙境。琴于此不过是添味增趣而已，有一曲琴音在突然作响，反而会破坏这静谧的氛围。所以，琴中有趣足矣，何劳琴上之音。

假戏假作　真戏真作

【原文】

伶人代古人语，代古人笑，代古人愤，今文人为文似之。伶人登台肖古人，下台还伶人，今文人为文又似之。假令古人见今文人，当何如愤，何如笑，何如语。

【译文】

唱戏的扮成古人，代替古人讲话，代替古人嬉笑，甚至替古人生气。现在的读书人写文章就仿佛如此。唱戏的在戏台上很像古人，一下戏台又恢复伶人的身份，现在的读书人写文章又和这点相似。假使让古人见到现在的文人，真不知他们要如何生气，如何发笑，如何讲话了。

【赏析】

伶人仅仅是演戏的，他要扮演的角色是模仿古人，他们在台上演得惟妙惟肖，跟古人一模一样，值得人们尊敬和爱戴。他们的目的是让有思想的人自己觉悟。但文人就不同了，他们是时代的脊梁，要写出时代的气息，要有自己的声音，替人民喊出疾苦来。文人的使命就是通过自己的笔墨和作品，来反映真实的人格，鼓舞人民奋进。

然而现在的文人也像那些伶人演戏一样，写出来的文章完全是在模仿古人的言语、欢笑和愤怒，如果仅仅是出于一种模仿，那就永远是一种虚伪的造作。我们应该反思下自己，看自己是不是也同现在的文人或伶人一样为别人哭，为别人笑，为别人生气呢？

一言济人　功德无量

【原文】

士君子贫不能济物者，遇人痴迷处，出一言提醒之，遇人急难处，出一言解救之，亦是无量功德。

【译文】

读书人贫穷而不能在物质上救济他人，但他人遇事糊涂迷惑之处能用言语来提醒，或是他人遇到危难之时能用言语来解救，都是无可比拟的善事和美德。

【赏析】

君子往往清贫自守，不违法犯纪，所以君子固穷。只有那些贫穷的读书人才会良心发现，时刻想着周济穷人。而真正的有钱人往往被金钱迷失了双眼，一心只想捞钱，没有心思拯救穷人。由于贫穷的读书人没有钱财施舍给穷人，所以只能以智慧去启迪人，用精神来鼓舞人。

其实，在物质上救济穷人并不困难，救济人的心却是很难的。读书人在物质上也许并不富裕，但在心灵上却相对一般人更为明智一些。他们应该在生活的智慧和生命的意义上，使自己成为海洋里的灯塔，引导黑暗里前行的船只，使之绕过险滩、暗礁，到达安全的港湾。

闲要有余日　读书无余时

【原文】

夜者日之余，雨者月之余，冬者岁之余。当此三余，人事稍疏，正可一意学问。

【译文】

夜晚是一天所剩余的时间，雨天是一月所剩余的时间，冬天是一年所剩余的时间。在这三种剩余的时间里，人事来往较不频繁，正好用来专心读书。

【赏析】

下雨之时，静夜之际，隆冬之日，是忙碌中难得之闲时。雨中，无法去户外工作，静闲于家。夜里，也不能像白天那样工作，因而也成了白日的闲余。冬日万物凋零寒冷冰冻，无法在户外活动，又成了一年的闲余。于一般人而言，此三段时间是无聊的日子，难以打发，除了睡觉再无别事，但对于那些渴望求知的人而言，却是修身养性，学习读书的好机会。

其实，懂得书中汲取营养和乐趣的人，无论是什么时间都可以利用的。岂止这三段时光？而不懂得读书的人，夜里感到无聊，下雨天觉得烦躁，冬日里干脆昏昏大睡。真是辜负了老天的美意！读书是一辈子的事情，活到老，学到老。工作中可以有三段闲余时光，但读书、学习却没有闲余的时光。

运笔之先　胸有成竹

【原文】

画家之妙，皆在运笔之先。运思之际，一经点染，便减神机。长于笔者，文章即如言语。长于舌者，言语

即成文章。昔人谓丹青乃无言之诗，诗句乃有言之画。余则欲丹青似诗，诗句无言，方许各臻妙境。

【译文】

画家的灵妙之处，全在下笔前的构思。此时如有一点杂念，便无法将神妙之处淋漓尽致地表现出来。善于写文章的人，他的文章便是最美妙的言语；善于讲话的人，所讲的话便是最美好的篇章。古人说，画是无声的诗，诗是有声的画。我认为，最好的画如诗一般，能不尽地倾诉；最好的诗如画一般，能无穷地展现。如此，诗和画才算达到了神妙的境界。

【赏析】

郑板桥作画，是先有成竹在胸，然后才能随意挥洒，则无一不是真竹。胸中没有成竹，临时拼凑，怎么能如有神助呢？善写文章之人，他们的文章。没有任何矫揉造作的痕迹。有些初学文章之人，总希望自己的文章能够辞藻华丽、行文优美，只注重了外在的美，却有斧凿的痕迹；等其成了大家后，文章却偏于淡，而且淡得有味，意味深长，这才是朴素纯真的美。善长说话之人，出口成章，因为所言之中都是自己深思熟虑过的观念和道理，而言为心声，心灵的表现就是言语。

古人云：“诗是有声画，画乃无声诗。”但诗与画的神妙处却不完全在诗、画本身。而在画面、文字之处。所以真正的行家要人们看那字画的空白之处。即所谓的“不着一字，尽得风流”的地方。

云霞青松做我伴　一壶浊酒清谈心

【原文】

累月独处，一室萧条，取云霞为侣伴，引青松为心知。或稚子老翁，闲中来过，浊酒一壶，蹲鸱一盂，相共开笑口，所谈浮生闲话，绝不及市朝。客去关门，了无报谢，如是毕余生足矣。

【译文】

连续数月独居，虽然一屋子的冷清，但是，却有云霞做我的伴侣，青松当我的知心。空闲时，老人会带着幼童过来拜访，这时，我便以一壶浊酒，一盘大芋招待客人，聊的都是一些家常，而不谈及市肆方面的俗事。聊得尽兴了便告辞而去，也不须起身送客。如能这样过一辈子，我就心满意足了。

【赏析】

独处一室，空捱岁月，以天上云霞为伴侣，以青松为知己，也不会觉得孤独。因为我们彼此间没有利害关系，彼此志趣相投，岁寒不凋，气节不移，因此才是真正的同志。无事串门，主人端上一壶浊酒，一盘大芋头，大家端起酒杯，啃起芋头下酒。相视而笑，开怀畅饮。没必要劝酒和猜疑，一切都是那么自然。像这样的生活，天真朴实，没有矫揉造作、虚伪谄谀，只是心灵的交流和共鸣。这样平淡的生活是那些生活在激烈中的人所渴求而体会不到的。

其实，我们的生命并不需要多姿多彩，因为我们身边的大自然已经够丰富多彩了。只要能安然度过每一天，自然而然地鉴赏大自然也就够了。这种人生就像一条清澈的小溪，缓慢而自由地流动。溪流虽小，但一样可以载动顽童纸船，映出老人白发。山腰青松与天上云霞，也同样拥有了这一般自在的心境。

耳目宽时天地窄　争务短时日月长

【原文】

耳目宽则天地窄，争务短则日月长。

【译文】

耳目用得太多，便会觉得天地狭隘；将争名逐利的事务减少，则时间便会变得清闲而悠长。

【赏析】

人往往会被自己耳朵的听力、眼睛的视力所限制，无法看到或听到更远、更多的事或声音。人们所能够放心去接受的世界，仅仅只有眼睛所看到的那一点点距离。我们生活圈子小了，那无穷的天地就显得更大了。其实天地再大，也只是我们心灵的感知而已，依照佛家说法：心性三千，一念三千。三千大世界尽在我们心中。我们心胸一旦开阔，看得高远听得无限，觉得天地都小了，难道还会被天地间的事情束缚住吗？天地万物都在我们胸中，自然就不会为了那些蝇头小利和蜗角微名去竞争战斗了。

当我们争名夺利、钩心斗角时，会觉得时光短暂、气力不够，当我们静下心来，无争无竞了，天气也变得暖和起来，也觉得日月有了情意，时间也就悠长而有味了。

闲居家中　神游外物

【原文】

从江干溪畔箕踞，石上听水声，浩浩潺潺，粼粼冷冷，恰似一部天然之乐韵。疑有湘灵，在水中鼓瑟也。

【译文】

在江边或溪岸曲腿而坐，聆听水声，时而声势浩大，时而低如耳语，就好像一首大自然的乐曲。不禁令我怀疑是否有湘水的女神，在水中弹奏她的琴瑟。

【赏析】

水弯月新、信步江畔，听潺潺清泉，袅袅风音。如临仙境，怡人心神。月辉映石上，晚风轻拂草甸。一缕金秋影，一啼苍茫声。佛仙心中坐，天地缩胸间。水波粼粼，清风徐徐，若湘水灵物奏乐，似天地神童稚音。水拍石岸，涛涌月华，有“星垂平野阔，月涌大江流”之势；有春江花月夜之美姿。此夜如美女轻摇舞步，似灵物跃然高空。如屈原《九歌》中言：“使湘灵鼓瑟兮”，在此情景之下，内心宁静祥和，与流水物我合一，与宇宙万物融为一体。只要我们能够凝神于心中的真耳，才能感受到大自然的乐音美韵。

徒号书橱　终非名饮

【原文】

有书癖而无剪裁，徒号书橱；惟名饮而少蕴藉，终非名饮。

【译文】

有读书的癖好，却无所取舍和选择，这种人不过像书橱罢了；只具备饮酒之名，却不懂饮酒含蓄的意味，终不算是能饮之人。

【赏析】

好读书，而无选择。以瓦砾为璞玉，以黄铜作真金，良莠不分。谷草皆食，囫囵吞枣。读再多的书，也无益于身心。书是精神粮食，是人类进步的阶梯，若接受了异端邪说，那么思想就会受到侵蚀，危险很大。精神的毒素更甚于身体之毒。一个人精神中毒，那么一言一行都会影响到周围的人，从而给社会造成危害，择书若择友，一本好书如一良友，一本坏书如损友，当慎之又慎。

好酒只知醉，却不晓其中之意，并非真正好酒，乃是嗜酒。嗜酒之人，整日昏噩，不知所以，饱食终日，庸碌无为，生如行尸走肉，死亦似墙角枯草，是名副其实的酒鬼。但好酒之人，饮酒在意不在酒，可吟诗抚琴，沽酒买醉，起舞放歌，有刘伶之癫，似阮籍之态，若太白仙人邀月共饮，对影三人。如欧阳公之陶然自乐，醉意乃寄托于山水之间。

美酒一饮题花落　清爽快意在天堂

【原文】

鸟啼花落，欣然有会于心，遣小奴，挈瘿樽，酤白酒，饮一梨花瓷盏，急取诗卷，快读一过以咽之，萧然不知其在尘埃间也。

【译文】

听到鸟啼，见到花落，心中有所领悟而感到十分欢喜，立刻让小僮带着酒樽买回白酒，以梨花酒杯饮下一杯，并马上取来诗卷迅速读过，当作下酒的美味，这时胸中清爽快意，仿佛不在人间。

【赏析】

山水迢迢，曲径通幽，林间鸟儿啁啾，野地众芳斗艳。山石竦峙，道路崎岖。马蹄轻响，漫步山林，风儿轻拂，阵阵芬芳，蝶引蜂随，一片春意盎然。一卷诗在手，吟诵回味；一壶酒在手，品尝咂饮。有美景、名杯、香酒，追抚古人之神韵，体味今昔之快慰。牵童放马，缓步芳径。一口香酒入肠，一句古诗回味，清爽快意之情，不似在人间。似梦若仙，惬意飘然。诸芳凝成一缕香，石径延向更远处。春鸟啼成望帝魂，林道隐入重重山。游春之意，飘然入九天；踏春之情，无声溢心间。这样的美景，这样的真情，怎么忍心让春匆匆归去？真想留春到永远。这是古代士人，寄情山水的佳境。而今处处高楼，事事扰心，再寻此景此境，着实困难了。

妙于天成　坏于人造

【原文】

自古及今山之胜，多妙于天成，每坏于人造。

【译文】

古今的名山胜景，其绝妙之处大多在于天然生成，却往往被人造的景观所破坏。

【赏析】

景观以自然天成为妙，黄山之怪石，桂林之乳洞，鬼斧神工，美妙绝伦。一河流于赤壁，一山傍于深林，自然之景，雄峻伟丽。远看泰山之石，雄观长江之势，看雾之缭绕，赏奔腾汹涌。自然的气势和壮丽，不是人工的假山、假水，所能达到的。如果是自然形成的湖泊，人们还偏偏要改造，那么自然之趣便荡然无存。空留下斧凿之痕有碍观瞻，真正的诗情画意，流于真实，寄情自然，绝无虚假之痕迹。一个人工湖怎能有“乱石穿空，惊涛拍岸，卷起千堆雪”的气势？一座人造山怎会有“嶙峋耸入天，群峰扫青黑”的壮观？所以天地而成之景，才会妙在其中；而人工堆砌之景或人工改造之山石，不但没有欣赏之真趣，反而会有刻板虚假的味道，连最初的天然也破坏了。

清闲无事　坐卧随心

【原文】

清闲无事，坐卧随心，虽粗衣淡饭，但觉一尘不染。忧患缠身，繁扰奔忙，虽锦衣厚味，只觉万状苦愁。

【译文】

清闲自在，要坐要躺随自己的心意，虽然穿的是粗布衣服，吃的是粗茶淡饭，却觉得滋味浓厚。那些因忧愁烦恼而患得患失的人，整日在繁务中奔波劳碌，虽然穿的是锦衣，吃的是美味，却有万种愁苦。

【赏析】

世间利禄都是欲网中的诱惑，追逐于此，就会越陷越深，整日奔波劳累如同在泥潭里挣扎。一停歇，便会坠入欲望的万丈深渊。每日苦心钻营，担惊受怕，尽管平时锦衣厚味，风光无限，暗地里却苦苦算计，劳神费心。忧患日多，百事缠心，及至疾病日重，终逃不脱愁天苦海，一命呜呼，生前心血皆虚幻，苦苦奋争又为谁？倒不如，清闲无事，品茗论道，坐卧随心。即使粗衣淡饭，但却无案牍劳形，无丝竹乱耳，身心洁净，一尘不染。尽管无华衣名车，无豪宅美味，但却有闲心一颗，清神一剂。每日可放纵情怀，舒心于天地之间，放情于白云之畔。湖光曳影，心旷神怡，不劳心费力，不愁苦愤疾，无爱无恨，无贪无嗔，心如止水，思若神明，总比那利欲熏心，日日奔忙不知为谁忙、为谁争，昏噩一生要好。

烦恼种种　蝎蹈空花

【原文】

烦恼之场，何种不有，以法眼照之，奚啻蝎蹈空花。

【译文】

世间有种种的烦恼，但是以佛的智慧来看，只不过像是蝎子爬在虚幻的花上罢了。

【赏析】

人生于世间，必然会有烦恼。是非、得失、荣辱、祸福等都是引起烦恼的根源，人也会因之而痛苦。这就是凡人的世界。他们总是以“肉眼”来看世界，看到的只是自己触摸得到的有限时空，往往是虚妄、不真实的。因为有限，所以执着，于是许多欠缺的苦恼也就产生了。但若用“法眼”来观察世界，就能破除迷妄，洞悉本真，因为这一切烦恼就像蝎子爬在虚幻的花上一样，那又能有什么伤害呢？我们世人只要不执着于表象，那么烦恼也就无从而生了。

休便休去　了时无了

【原文】

如今休去便休去，若觅了时了无时。

【译文】

只要现在能够歇止，一切便能歇止；如想等到事情了尽才歇止，则永远没有了尽的时候。

【赏析】

停止是相对的，发展是绝对的，人的欲求则是无穷无尽的。一个事物的发展，必然有其告一段落的时候。这也正是作决断的最佳时机，应当抓住机会来作出决断。如果优柔寡断、犹豫不决，必将贻误时机，失去一个了结的最佳时机。这时你将承受更多的痛苦与煎熬，甚至将没有可以停止的机会了，为名利所羁，为情爱所执，为此而汲汲以求，纠缠不休。这样很难使自己静下心来，获得安宁与平静。人应善待自己，学会舍弃，当断则断，当止则止，莫要过于执着，使自己在欲海中无休无止地挣扎。

简傲谄谀不谓谦　苛薄不可谓明大

【原文】

简傲不可谓高，谄谀不可谓谦；刻薄不可谓严明，苛酷不可谓宽大。

【译文】

不可把轻忽傲慢视为高明，不可将阿谀谄媚视为谦逊；待人刻薄不能称之为严明，待人严厉不能称之为宽宏。

【赏析】

行为猖狂傲慢之人，往往以待人的傲慢表现高人一等。但这在稍低档次的人那里，却会被当作高贵的品德来对待。心怀叵测之人会尽量运用花言巧语来巴结逢迎。但在稍高档次的人那里会被当作是谦虚的德行。有些苛刻之人，对待自己的同事和部下会严厉寡恩，而上司却会认为他是纪律严明，一丝不苟；有些人没有上进心，随大溜不操心，要以此表现出自己的宽大胸怀。在领导看来，虽不称职，但大多数人眼里他的确宽大。事实上，高贵的品德在于一个人素质和内涵而不在于外表的狂放自大。不管何时何地，高贵与谦虚的人始终如一。也正因为如此，他们才会被人嫉妒。

有人误把待人苛刻当作纪律严明，又把人格卑贱视为心胸宽大。实际上，苛刻的目的不过是满足自私和残忍的心理，苟且卑贱则是毫无人格的表现。所以苛薄残暴的人会践踏他人，而卑鄙下贱的人则会自我践踏。